개념이 술술! 이해가 쏙쏙!
인체의 구조

개념이 술술!
이해가 쏙쏙!

인체의 구조

오와다 기요시 감수 | 장하나 옮김

시그마북스

개념이 술술! 이해가 쏙쏙!
인체의 구조

발행일 2025년 9월 5일 초판 1쇄 발행
감수자 오와다 기요시
옮긴이 장하나
발행인 강학경
발행처 시그마북스
마케팅 정제용
에디터 양수진, 최연정, 최윤정
디자인 강서형, 강경희, 김문배, 정민애

등록번호 제10-965호
주소 서울특별시 영등포구 양평로 22길 21 선유도코오롱디지털타워 A402호
전자우편 sigmabooks@spress.co.kr
홈페이지 http://www.sigmabooks.co.kr
전화 (02) 2062-5288~9
팩시밀리 (02) 323-4197
ISBN 979-11-6862-393-4 (03470)

執筆協力	入澤宣幸、鈴木進吾(シンゴ企画)
イラスト	桔川シン、堀口順一朗、北嶋京輔、栗生ゑゐこ
デザイン	佐々木容子(カラノキデザイン制作室)
編集協力	堀内直哉

Original Japanese title: ILLUST & ZUKAI CHISHIKI ZERO DEMO TANOSHIKU YOMERU!
JINTAI NO SHIKUMI supervised by Kiyoshi Owada
Copyright ⓒ 2022 Naoya Horiuchi
Original Japanese edition published by Seito-sha Co., Ltd.
Korean translation rights arranged with Seito-sha Co., Ltd.
through The English Agency (Japan) Ltd. and Eric Yang Agency, Inc

이 책의 한국어판 저작권은 EYA(Eric Yang Agency)를 통해 저작권자와 독점 계약한 시그마북스에 있습니다.
저작권법에 의해 한국 내에서 보호를 받는 저작물이므로 무단 전재와 무단 복제를 금합니다.

파본은 구매하신 서점에서 바꾸어드립니다.

* 시그마북스는 (주)시그마프레스의 단행본 브랜드입니다.

머리말

우리는 태어날 때부터 줄곧 '수동적 태도'를 취하고 있다.

　세상에 태어난 우리는 어머니의 체취나 손길, 흐릿하게 비치는 빛 등 이미 존재하는 무언가를 지각하기 시작하고, 그렇게 세상을 가득 채운 맛과 향기, 소리 같은 오감의 자극을 받으며 자라난다.

　이처럼 우리의 삶은 선행하는 외부 세계를 이해해가는 수동적 과정의 연속이다. 그러던 중 2021년에 인간의 '감각기 구조'가 마침내 밝혀졌고, 이 성과는 노벨상으로 이어졌다. 그만큼 인간은 자기 자신의 구조조차 제대로 알지 못한 채 살아가고 있는 셈이다.

　별과 달, 우주, 중력… 이 모든 것은 처음부터 인간과 무관하게 존재해왔다. 이런 세계 속에서 우리는 바다와 숲, 강 같은 지형을 이용해 살아가며, 생명체로서 마음이 끌리는 상대를 만나 자손을 남긴다. 그리고 또, 어머니의 배 속에서 인간이라는 구조가 형성되어 새로운 인간이 태어난다.

　인간의 구조에 대해서는 아직 밝혀지지 않은 부분이 많다. 아이와 손주가 왜 그토록 사랑스럽게 느껴지는지, 개나 고양이, 새 같은 다른 동물의 새끼들까지도 왜 귀엽다고 느끼는지, 수정란은 어째서 인간의 형태로 자라나는지, 부모의 노화에 따른 변화는 왜 수정란에서 초기화되어 다음 세대로 전달되지 않는지……. 이렇듯 우리는 자기 몸에 대해서조차 '그렇게 태어났으니까'라는 식의 수동적인 태도로, 매일 아무런 의심 없이 받아들이며 살아가고 있을 뿐이다.

인간은 몸의 구조가 '왜 이렇게 생겼는지' 연구하면서 다양한 것들을 만들어내고, 그에 맞춰 살아갈 수 있도록 환경을 정비해왔다. 교통 체계를 갖추고 화폐를 만들어 삶을 편리하게 하며 사회를 형성해온 것이다. 최첨단 인터넷, 게임 화면, 키보드, 컨트롤러 같은 기술들도 본래 인간의 오감과 손발의 구조를 고려해 사용하기 쉽게끔 고안된 결과물이다.

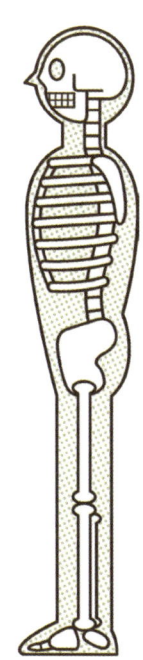

우리는 모든 것이 수동적이고 알 수 없는 미지의 세계에 던져지듯 태어난다. 세상은 온통 모르는 것투성이다. 그렇기에 그저 호기심이 이끄는 대로, 있는 그대로를 관찰하는 일이야말로 가장 소중하고 즐거운 일이라고 생각한다. 내가 그동안 의료인이 되고자 하는 이들을 위한 책을 여러 권 감수해온 것도 그런 마음에서 비롯된 일이었다.

이 책은 인간의 몸에 대해 부분적이나마 관찰한 내용을 바탕으로 누구나 흥미롭게 이해할 수 있도록 풀어낸 것이다. 출간 후에는 대만에서도 번역판이 출판되었다. 앞으로 인간이라는 존재의 신비와 설렘이 국경을 넘어 더 많은 이들에게 전해지기를 바란다.

의학박사
오와다 기요시

목차

머리말 _ 004

제1장 알고 싶어! 인체의 요모조모

- 01 우리 몸은 어떻게 생겼을까? ··· 012
- 02 몸을 이루는 가장 작은 단위? '세포'의 구조 ································ 014
- 03 '오감'이란 뭘까? 어디서 무엇을 느낄까? ······································ 016
- **인체의 비밀 ①** 시각·청각·후각 중 사람이 동물보다 뛰어난 건 뭘까? ········· 018
- 04 '면역'이란 뭘까? 어떤 구조일까? ·· 020
- 05 꽃가루 알레르기는 왜 생길까? ·· 022
- 06 '바이러스 감염'이란 어떤 상태를 말할까? ··································· 024
- 07 두통은 왜 생길까? 어떤 종류가 있을까? ····································· 026
- 08 감기에 걸리면 왜 열이나 오한이 날까? ······································· 028
- 09 사람은 왜 잠을 자야 할까? ·· 030
- 10 꿈은 뭘까? '렘수면'과 '논렘수면' ·· 032
- **● 인체 이야기 1** 계속 안 자면 사람은 어떻게 될까? ······························ 034
- 11 하품은 뭘까? 잠을 안 자면 왜 하품이 나올까? ··························· 036

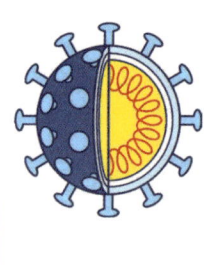
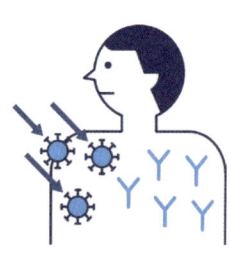

12 사람은 왜 술을 마시면 취할까? ······ 038
13 혈액형은 뭘까? 혈액형에 따라 무엇이 다를까? ······ 040
14 눈물은 왜 흐를까? ······ 042
15 사람마다 눈 색깔이 다른 이유는? ······ 044
● 인체 이야기 2 날아오는 총알을 보고 피할 수 있을까? ······ 046
16 '아야!', '뜨거워!' 이런 감각은 왜 생길까? ······ 048
17 털은 왜 자랄까? ······ 050
18 '스트레스'란 뭘까? 왜 느낄까? ······ 052
19 사람은 왜 졸릴까? ······ 054
20 '백신'의 원리는 무엇일까? ······ 056
● 인체 이야기 3 '불난 집의 괴력'이란? 평소에도 그런 힘을 발휘할 수 있을까? ······ 058
21 살이 찌면 몸에 왜 나쁠까? ······ 060
22 성장은 도중에 왜 멈출까? ······ 062
23 담배는 왜 끊을 수 없을까? ······ 064
24 iPS 세포는 무엇이 대단할까? ······ 066
25 천재란 어떤 사람일까? ······ 068
● 인체 이야기 4 사람의 뇌를 디지털화한다고? 뇌의 인공화가 가능할까? ······ 070
의학 위인 ① 안드레아스 베살리우스 ······ 072

제 2 장 그렇구나! 인체의 구조

26 사람에게 뼈는 왜 있을까? ······ 074
27 뼈는 무엇으로 만들어질까? ······ 076
28 근육이란 뭘까? 어떤 역할을 할까? ······ 078

인체의 비밀 ② 사람은 몇 kg까지 들 수 있을까?	080
29 혈관은 무슨 역할을 할까?	082
30 '적혈구' 등 혈액 속 세포의 구조는?	084
인체의 비밀 ③ 혈액은 얼마나 빨리 온몸을 돌까?	086
31 피를 만들어낸다? '골수'의 구조	088
32 온몸에 퍼져 있는 '림프'란 무엇일까?	090
33 눈은 왜 나빠질까?	092
34 어떻게 귀로 소리를 들을 수 있을까?	094
35 사람의 평형감각은 귀가 담당하고 있다?	096
36 '냄새'란 뭘까? 좋은 냄새와 나쁜 냄새란?	098
37 '맛'은 어떻게 느낄까?	100
38 사람은 어떻게 체온을 조절할까?	102
인체의 비밀 ④ 사람은 어느 정도의 체온까지 견딜 수 있을까?	104
39 사람의 '피부'가 하는 역할은?	106
40 체내 순환을 조절한다? '콩팥'의 구조	108
41 과음하면 간에 안 좋을까?	110

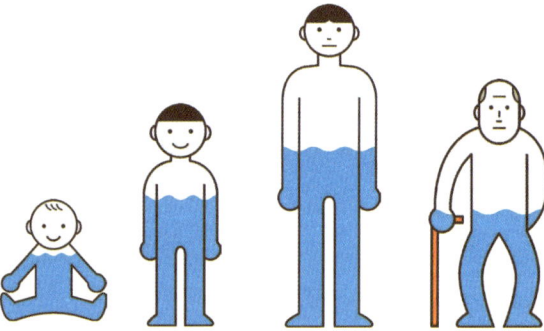

42 '방귀'란 뭘까? 방귀의 구조 ········· 112
43 딸꾹질이란 뭘까? 왜 날까? ········· 114
44 몸의 60% 이상? 인체 내 '수분'의 구조 ········· 116
인체의 비밀 ⑤ 사람은 물만 마시고 얼마나 살 수 있을까? ········· 118
45 충치는 왜 생길까? ········· 120
46 음식물의 영양소는 어떻게 흡수될까? ········· 122
47 누워 있는데 음식이 어떻게 위까지 도달할 수 있을까? ········· 124
48 장내세균이란 뭘까? 얼마나 있을까? ········· 126
49 장이 '제2의 뇌'라고 불리는 이유는? ········· 128
50 지질이란 뭘까? 왜 필요할까? ········· 130
51 상처나 뼈는 어떻게 회복될까? ········· 132
52 체내 환경을 조절한다? '호르몬'의 구조 ········· 134
53 인공수정이란 어떤 원리일까? ········· 136
● 인체 이야기 5 사람의 몸을 냉동 보존하는 게 정말 가능할까? ········· 138
의학 위인 ② 기타자토 시바사부로 ········· 140

제3장 아하! 사람의 뇌, 신경, 유전자

54 사람의 '뇌'는 어떤 구조일까? ········· 142
55 우뇌와 좌뇌의 차이는? ········· 144
● 인체 이야기 6 사람은 뇌의 10%밖에 사용하지 않는다? ········· 146
56 사람은 과연 어느 정도까지 기억할 수 있을까? ········· 148
57 사람은 왜 자전거 타는 법을 잊어버리지 않을까? ········· 150
58 차 멀미·3D 멀미는 왜 날까? ········· 152

59	감정과 몸의 반응은 어디에서 올까?	154
60	'우울'이란 뭘까? 뇌와 어떤 관계가 있을까?	156
61	'신경'이란 뭘까? 어떤 역할을 할까?	158
62	왜 손가락마다 움직이는 힘이 다를까?	160
63	'반사신경'이란 뭘까?	162
64	사람은 왜 무의식적으로 공기를 마실까?	164
65	가슴은 왜 두근댈까?	166
66	유전자란 뭘까? ① 유전 정보의 구조	168
67	유전자란 뭘까? ② DNA의 기능	170
인체의 비밀⑥	유전자를 통해 얼마나 먼 조상까지 알아낼 수 있을까?	172
68	남녀의 차이는 무엇으로 결정될까?	174
69	유전자에도 종류가 있다? 우성 유전자와 열성 유전자	176
70	살이 잘 찌는 체질은 유전될까?	178
71	유전자로 친자 관계를 어떻게 알아낼까?	180
72	왜 아침형 인간과 저녁형 인간이 존재할까?	182
73	사람은 왜 늙을까?	184
74	'암'이란 무엇일까?	186
인체의 비밀⑦	유전자 치료로 질병에 걸리지 않는 몸으로 바꾸는 것이 가능할까?	188
75	'죽음'이란 뭘까?	190

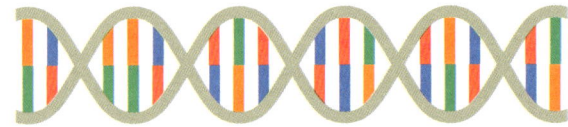

제 1 장

알고 싶어!
인체의 요모조모

왜 사람은 바이러스에 감염되고
꽃가루 알레르기에 시달리며 스트레스를 떠안고 살아가는 걸까?
우리 몸에서는 어떤 일이 벌어지고 있고,
우리는 어떤 상태에 놓여 있는 걸까?
몸의 구조를 살펴보자.

01 우리 몸은 어떻게 생겼을까?
[기초]

사람은 하나의 세포에서 생겨난 각 기관이 협력하면서 움직인다!

우리 몸은 어떤 구조로 이루어져 있을까?

사람의 몸은 뇌, 심장, 위, 간, 피부 등 여러 가지 기관(장기)으로 이루어져 있다. **각 기관은 고유한 기능을 수행하며 서로 협력하면서 우리가 살아가는 데 중요한 역할을 한다**(오른쪽 그림).

입과 위장은 서로 협력해 음식물을 소화하고 흡수한다. 호흡할 때는 코와 입, 기도, 허파(폐)가 협력해 산소를 들이마시고, 들이마신 산소는 심장과 혈관의 힘으로 온몸 구석구석의 세포까지 운반된다.

뇌는 이러한 모든 생명 활동을 관리한다. 우리가 생각하고, 기억하고, 기쁨과 슬픔 같은 감정을 느낄 수 있는 이유도 뇌가 있기 때문이다. 그런데 소화나 호흡 같은 작용이 우리의 의지와는 상관없이 이루어지고 있다는 점이 참으로 신기하다. 이는 뇌의 지시에 따라 몸의 활동을 쉬지 않고 조절하는 '자율신경'이라는 기능 덕분이다.

사실 우리 몸은 **원래는 하나의 세포였는데 그 세포들이 점점 늘어나면서 완성된 것이다.** 즉 하나의 수정란에서 시작해, 세포 안에 있는 DNA의 작용으로 다양한 기능을 수행하는 세포와 기관이 발생하면서 몸이 형성된 구조이다. 정말 신비롭지 않은가? 인체는 아직도 수수께끼투성이이다.

사람은 하나의 세포가 증식하면서 만들어진다

▶ 인체의 구조와 기능

몸속 각 기관이 서로 협력하면서 생명 활동을 유지한다.

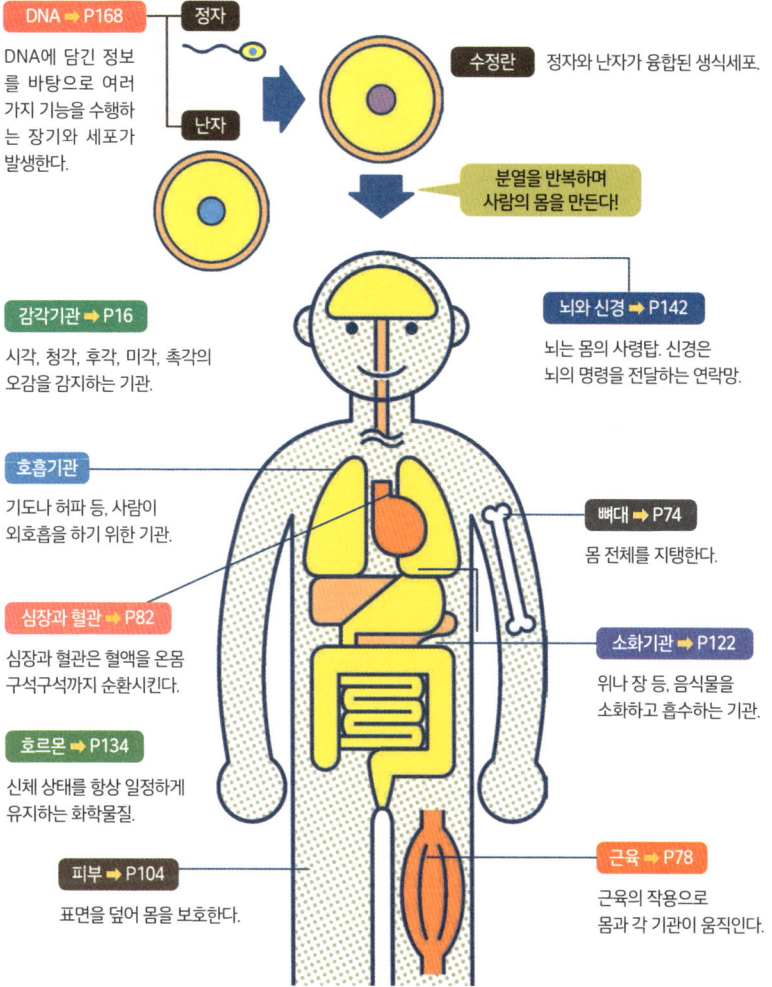

DNA ➡ P168
DNA에 담긴 정보를 바탕으로 여러 가지 기능을 수행하는 장기와 세포가 발생한다.

수정란
정자와 난자가 융합된 생식세포.

분열을 반복하며 사람의 몸을 만든다!

감각기관 ➡ P16
시각, 청각, 후각, 미각, 촉각의 오감을 감지하는 기관.

뇌와 신경 ➡ P142
뇌는 몸의 사령탑. 신경은 뇌의 명령을 전달하는 연락망.

호흡기관
기도나 허파 등, 사람이 외호흡을 하기 위한 기관.

뼈대 ➡ P74
몸 전체를 지탱한다.

심장과 혈관 ➡ P82
심장과 혈관은 혈액을 온몸 구석구석까지 순환시킨다.

소화기관 ➡ P122
위나 장 등, 음식물을 소화하고 흡수하는 기관.

호르몬 ➡ P134
신체 상태를 항상 일정하게 유지하는 화학물질.

피부 ➡ P104
표면을 덮어 몸을 보호한다.

근육 ➡ P78
근육의 작용으로 몸과 각 기관이 움직인다.

몸을 이루는 가장 작은 단위? '세포'의 구조

[기초]

약 40조 개의 세포가 다양한 인체 기관(장기)을 만든다!

사람의 몸은 무엇으로 이루어져 있을까?

생물의 몸을 이루는 가장 작은 단위는 '세포'다. **사람의 몸은 약 40조 개의 세포로 이루어져 있다.** 크기는 대략 지름 100~200분의 1mm로 아주 작다. 각 세포는 '세포막'이라는 막으로 둘러싸여 있고, 그 안에는 '핵'이 들어 있다. 이 핵 속에는 몸을 만드는 설계도인 DNA(➡P168)가 담겨 있다(그림 1).

사람의 몸은 뼈, 근육, 내장처럼 각각 다른 기능을 수행하는 다양한 기관(장기)들로 이루어져 있다. 특정 기능을 발휘하기 위해 모인 세포들이 장기라는 하나의 단위를 만들어낸다.

예를 들어 심장이라는 기관은 혈액을 내보내는 근육조직과 심장의 형태를 이루는 결합조직 등이 모여 형성된다. 이 심장의 근육조직은 근육세포들이 모여 이루어진 것이다. **세포의 구조는 기본적으로 비슷하지만, 각 기관에 따라 그 크기나 모양은 조금씩 다르다**(그림 2).

우리 몸과 세포는 많은 수분을 포함하고 있으며, 몸의 약 60%가 물로 이루어져 있다(➡P116). 우리는 물에서 태어난 생명체인 셈이다.

덧붙이자면, 생물은 원래 하나의 세포로 이루어진 단세포 생물이었지만, 그 후 여러 개의 단세포 생물들이 모여 다양한 기능을 지닌 다세포 생물로 진화해 지금의 모습에 이르게 되었다.

우리 몸을 만드는 여러 가지 세포

▶ **세포란?** (그림1)

생물의 몸을 이루는 가장 작은 단위. 사람의 몸은 약 40조 개의 세포로 이루어져 있다.

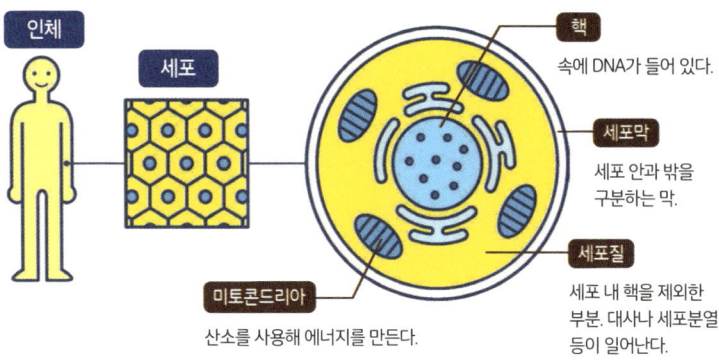

▶ **몸을 만드는 주요 세포** (그림2)

세포의 역할과 크기는 다양하다. 모든 세포는 작아서 육안으로는 보이지 않는다.

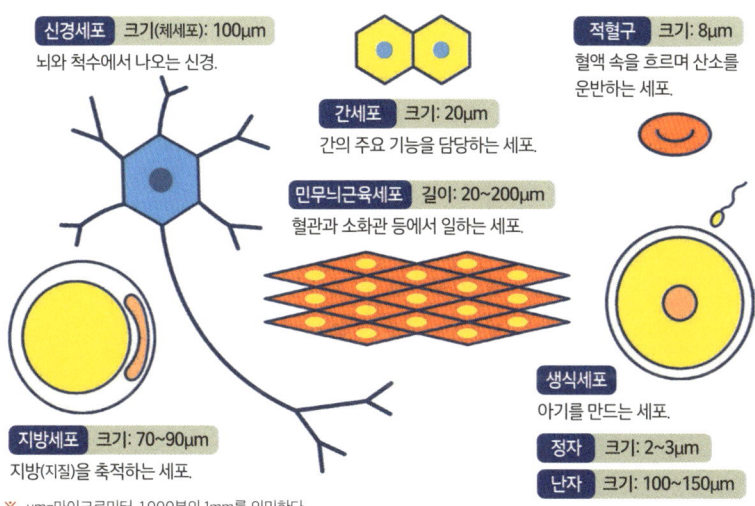

※ μm=마이크로미터. 1,000분의 1mm를 의미한다.

'오감'이란 뭘까?
어디서 무엇을 느낄까?

[감각]

감각기관이 감지한 시각, 청각, 후각, 미각, 촉각의 정보를 **뇌가 느낀다!**

'**오감**'이란 시각, 청각, 후각, 미각, 촉각을 의미하는데, 우리는 어떻게 이러한 감각을 느낄 수 있을까?

각각의 오감에 대응하는 감각기관은 눈, 귀, 코, 혀, 피부, 점막 등이다. **감각기관이 감지한 외부 자극(정보)은 전기 신호로 변환된다.** 그리고 이 신호는 온몸에 퍼져 있는 신경을 통해 뇌로 전달되어 각각의 정보를 얻게 된다(오른쪽 그림).

고대 그리스의 학자 아리스토텔레스는 감각기관이 감지한 정보가 혈관을 통해 심장으로 전달된다고 생각했다. 또한, 동서양 모두 심장에서 감각을 느끼고, 마음도 심장에 깃든다고 믿었다. '마음이 따뜻한 사람', '가슴에 손을 얹고 생각해보자'와 같은 표현이 있는 것도 바로 그런 이유 때문일 것이다.

하지만 현대에 이르러 감각 정보를 처리하는 주체가 뇌라는 사실이 밝혀졌다. 눈, 귀, 코 등의 감각기관에서 얻은 정보는 신경을 통해 뇌로 전달된다. 즉, **감각 정보를 종합하여 '인식'하고 '느끼는' 주체가 뇌**라는 의미다.

뇌의 '대뇌겉질'에는 각 감각 정보를 처리하는 영역들이 분포해 있다. 캐나다의 의학자 펜필드(1891~1976)는 환자의 뇌 수술 중 약한 전류를 흘려보내며, 각 감각이 대뇌겉질의 어느 부분에서 느껴지는지를 밝혀냈다.

감각 정보는 대뇌겉질에서 처리된다

▶ 감각기관과 뇌는 신경을 통해 연결된다

감각기관에서 감지한 외부 자극은 전기 신호로 변환되어 신경을 통해 뇌로 전달된다.

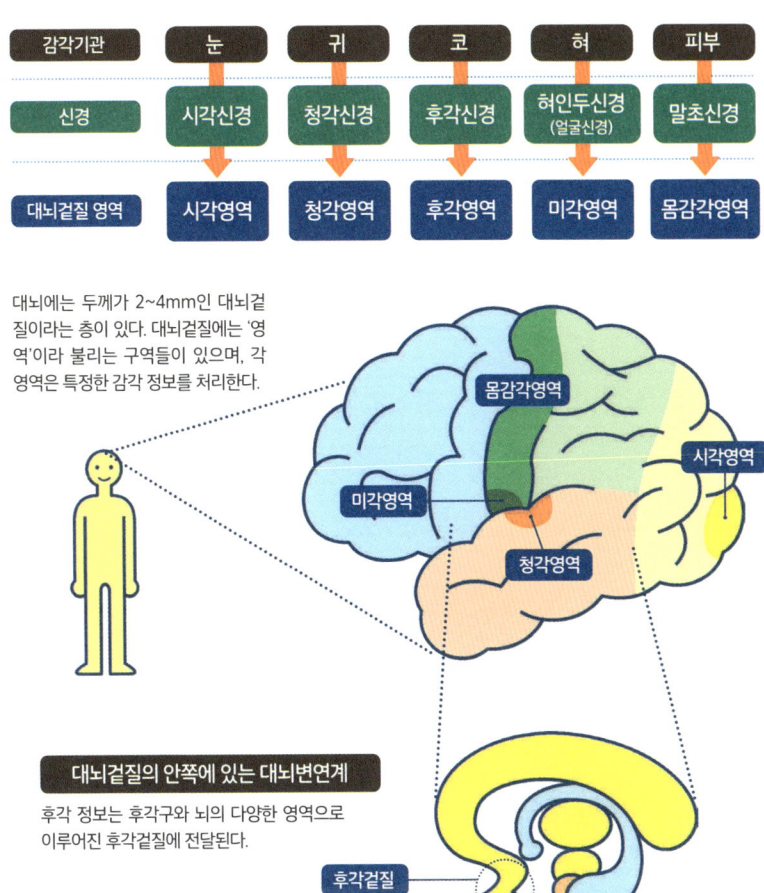

감각기관	눈	귀	코	혀	피부
신경	시각신경	청각신경	후각신경	혀인두신경 (얼굴신경)	말초신경
대뇌겉질 영역	시각영역	청각영역	후각영역	미각영역	몸감각영역

대뇌에는 두께가 2~4mm인 대뇌겉질이라는 층이 있다. 대뇌겉질에는 '영역'이라 불리는 구역들이 있으며, 각 영역은 특정한 감각 정보를 처리한다.

대뇌겉질의 안쪽에 있는 대뇌변연계

후각 정보는 후각구와 뇌의 다양한 영역으로 이루어진 후각겉질에 전달된다.

선택으로 알아보는 인체의 비밀 ①

Q 시각·청각·후각 중 사람이 동물보다 뛰어난 건 뭘까?

| VS 독수리
멀리 보는 힘 | or | VS 돌고래
소리를 듣는 힘 | or | VS 개
냄새를 맡는 힘 | or | 상대가
안 된다 |

사람은 보는 힘과 듣는 힘, 냄새를 맡는 힘에 대해 어느 정도의 잠재력을 지니고 있을까? 시력이 좋은 독수리, 초음파를 듣는 돌고래, 후각이 뛰어난 개보다 조금이라도 뛰어난 능력은 무엇일까?

눈의 시력부터 살펴보자. **사람의 정상 시력은 1.0**이며, 최고 시력에 대해서는 여러 견해가 있으나 **보통 4.0** 정도로 보고된다. 한편, 독수리의 시력은 일반적으로 사람의 8배에 달하는 것으로 알려져 있다. 즉, **독수리의 시력은 8.0 수준**이다. 이 수치는 시각세포 수를 기준으로 추정한 것이지만, 실제로 상공 50m에서 지상에 있는 2mm

짜리 새우를 식별할 수 있다는 실험 결과도 있다. 따라서 시력 면에서는 사람이 독수리를 이길 수 없다.

소리를 듣는 힘은 어떨까? 저음이나 고음이라는 같은 소리의 높낮이는 공기가 1초 동안 진동하는 횟수인 헤르츠(Hz)로 나타낸다. 사람이 들을 수 있는 소리는 대체로 **20Hz에서 2만 Hz 사이다**. 한편, **돌고래는 150~15만 Hz**에 이르는 넓은 범위의 소리를 들을 수 있을 뿐 아니라, 소리의 파동을 이용해 수백 km 떨어진 동료와도 의사소통할 수 있다. 소리 역시 돌고래의 압승이다.

냄새를 맡는 능력은 어떨까? 시력이나 청력처럼 뚜렷한 지표는 없지만, **사람은 약 500만 개의 후각세포**(냄새를 감지하는 센서)를 지닌 것으로 알려져 있다. 한편, 개의 후각은 사람보다 수백만 배나 뛰어나다고 한다. **대형견은 약 3억 개의 후각세포**를 지니고 있어, 사람은 감지할 수 없는 마약이나 폭발물의 냄새까지 맡을 수 있다.

냄새 역시 개의 압승일 것 같지만, 사실은 사람 쪽이 더 민감한 경우도 있다. 예를 들어 **바나나 냄새는 사람이 개보다 더 잘 맡는다**고 알려져 있다. 신기한 일이지만, 어쩌면 인류의 조상에게는 생존에 중요한 냄새였는지도 모른다.

즉, 특정한 냄새에서는 개보다 사람이 더 민감할 수 있지만, 각 감각기관을 놓고 보면 이런 동물들과는 도저히 상대가 되지 않는다.

사람의 능력과 비교하면?

사람의 시력	VS	독수리의 시력
최고 시력 4.0		시력 8.0
사람의 청력	VS	돌고래의 청력
20~2만 Hz		150~15만 Hz
사람의 후각세포	VS	개의 후각세포
약 500만 개		약 3억 개

04 '면역'이란 뭘까? 어떤 구조일까?
[면역]

'자연면역'과 '획득면역' 두 종류가 있으며,
백혈구 같은 방어군이 병원체를 물리친다!

'면역'은 **사람 몸에 들어온 세균이나 바이러스 같은 병원체와 싸우는 '방어군' 역할**을 한다. 이 방어군은 외부에서 침입한 병원체를 막거나 몸 안에 들어온 이물질을 제거한다. 방어군의 중심에는 '백혈구'가 있으며, 그중 하나인 호중구 같은 식세포는 병원체를 삼켜 소화시킨다.

면역에는 여러 가지 이물질을 인식해서 싸우는 **'자연면역'**과 특정한 적과 맞서 싸우는 **'획득면역'**이 있다(오른쪽 그림).

획득면역에서는 **T세포(T림프구)**와 **B세포(B림프구)**라는 두 가지 백혈구가 활약한다. T세포는 수지상세포로부터 병원체 정보를 전달받으면 '킬러T세포'가 되어 온몸을 돌아다닌다. 그리고 전달받은 정보를 바탕으로 병원체나 감염된 세포를 찾아내 파괴한다.

B세포는 **항체**라는 단백질을 미사일처럼 잇달아 방출한다. 항체는 다양한 물질을 인식할 수 있도록 만들어진다. B세포는 병원체, 즉 **항원**의 표면에 꼭 맞는 항체를 생성한다. 항체가 붙은 병원체는 백혈구가 더 쉽게 찾아내 처리할 수 있게 된다. 항원에 맞는 항체를 만들어낸 B세포는 클론※으로 수를 늘린 뒤, **몸속을 돌며 항체를 내보내 병원체를 공격하고 백혈구의 먹잇감이 되게 한다.**

※ 하나의 세포에서 분열·증식한 세포군.

백혈구에는 여러 종류가 있다

▶ 면역의 구조

두 종류의 방어 시스템으로
몸속에 침입한 병원체를 물리친다.

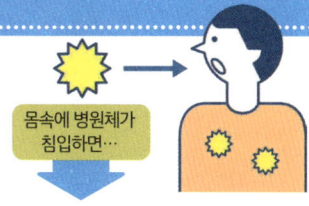
몸속에 병원체가 침입하면…

1차 방어군: 자연면역

대식세포나 NK세포 등이 몸속에 침입한 병원체를 분해하고 공격해 제거한다.

수지상세포
병원체를 포획하고, 그 정보를 T세포에 전달한다.

대식세포
병원체를 포식하고, 그 정보를 T세포에 전달한다.

호중구
병원체를 포식하고 소화한다. 가장 많은 백혈구.

NK세포
이물질을 인식하고 공격한다.

2차 방어군: 획득면역

자연면역과 협력하여 병원체에 대한 정보를 바탕으로 병원체를 공격한다.

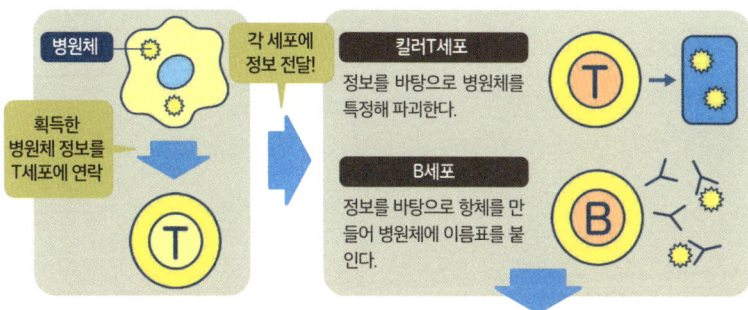

병원체 / 각 세포에 정보 전달! / 획득한 병원체 정보를 T세포에 연락

킬러T세포
정보를 바탕으로 병원체를 특정해 파괴한다.

B세포
정보를 바탕으로 항체를 만들어 병원체에 이름표를 붙인다.

> 한번 싸워 이긴 병원체의 정보는 몸에 기억되어,
> 다음에 같은 병원체가 침입하면 빠르게 대응해 제거한다!

꽃가루 알레르기는 왜 생길까?

[면역]

'획득면역'의 세포가 꽃가루를 적이라고 간주하고 과잉 반응하기 때문에 일어나는 현상!

많은 이들을 괴롭히는 꽃가루 알레르기. 다양한 대처 방법이 알려져 있지만, 애초에 어떤 원리로 생기는 걸까?

꽃가루 알레르기는 말 그대로 알레르기의 일종이다. 알레르기란 몸을 보호해야 할 면역이 지나치게 활성화되는 반응이다. 삼나무 꽃가루 알레르기의 경우, **몸속에 들어온 삼나무 꽃가루의 단백질을 면역세포가 적으로 인식해 과잉 반응을 일으킨다.** 그 결과, 재채기, 콧물, 코막힘, 눈의 가려움 등의 증상이 일어난다(오른쪽 그림).

꽃가루 알레르기 증상의 주요 원인은 비만세포에서 분비되는 **히스타민** 등의 화학물질이다. 이들 화학물질은 혈관 벽을 느슨하게 만들어 점막을 붓게 하고, 콧물, 충혈, 두드러기 등의 증상을 유발한다. 몸이 화학물질에 강하게 반응하면 혈압이 떨어져 어지럽거나 기관지에 염증이 생겨 천식 증상이 나타나기도 한다.

꽃가루 알레르기는 처음부터 바로 증상이 나타나는 것은 아니다. **꽃가루에 대한 알레르기 반응이 나타나기까지는 오랜 시간이 걸리며, 충분한 항체가 형성되려면 수년에서 수십 년이 걸린다**고 알려져 있다. 최근에는 환경 변화로 인해 그 기간이 예전보다 더 짧아지고 있는 듯하다.

왜 꽃가루 알레르기가 생기는지는 아직 확실하게 밝혀진 바 없지만, 사람에 따라 증상이 전혀 나타나지 않는 경우도 있다.

꽃가루 알레르기는 세포의 과잉 반응

▶ 삼나무 꽃가루 알레르기의 발생 원리

1 꽃가루(항원)가 처음으로 몸속에 침입한다.

2 대식세포나 수지상세포가 꽃가루를 이물질로 특정한다. 꽃가루(항원)의 정보를 T세포에 전달한다.

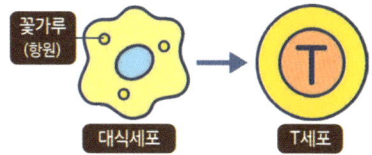

3 T세포에서 B세포로 항원 정보를 전달한다.

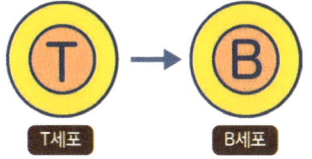

4 B세포는 항원을 상대할 항체를 생성한다.

5 항체는 비만세포의 표면에 달라붙어 항원의 침입에 대응할 준비를 한다.

6 꽃가루가 몸속에 계속해서 침입한다.

7 꽃가루와 비만세포가 마주치면 항원과 항체가 결합. 이때 비만세포는 히스타민을 방출한다.

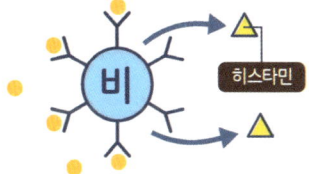

8 히스타민은 혈관에 작용하여 코나 목, 눈 등에 염증을 유발한다.

'바이러스 감염'이란 어떤 상태를 말할까?

[질환]

바이러스가 사람의 몸속에 침입해
세포 안으로 들어간 상태!

바이러스는 **DNA 또는 RNA(자신의 설계도가 되는 물질)를 단백질 껍질이 둘러싼 단순한 구조**로 이루어져 있다. 크기는 1,000분의 1mm에서 10만 분의 1mm 정도로, 생물인 세균보다 훨씬 작고, 생물 특유의 세포 구조를 지니고 있지 않다(그림 1).

바이러스는 우리 주변 어디에나 존재한다. 공기 중이나 피부 접촉을 통해 몸속에 들어오면, 도달한 부위에서 증식을 시작하려 한다.

하지만 바이러스는 스스로 증식할 수 없다. 그래서 세포에 침입한 뒤 껍질을 벗고, 자신의 유전자를 세포 안으로 방출한다. 그러면 그 유전자가 세포 안에서 복제되며, **이렇게 세포는 바이러스를 끊임없이 만들어내기 시작**한다.

바이러스는 세포 속에서 스스로를 복제한 뒤 완성되면 밖으로 빠져나간다. 그리고 이어서 다른 세포에 침입해 증식을 반복한다. 이 **증식력은 하루에 1개가 10만 개로 늘어날 정도로 어마어마하다**(그림 2). 이 상태를 '감염'이라고 한다. 바이러스를 제거하기 위해 면역 시스템이 작동하면, 급성 염증 반응이 나타난다. 몸은 바이러스와 싸우기 위해 발열, 기침, 재채기 같은 반응을 일으킨다.

스스로 증식하지 못하고 세포를 이용해 증식한다

▶ 바이러스란 (그림 1)

살아 있는 세포에 기생하며, 세포 안에서만 증식할 수 있는 병원체(미생물)다. 세포보다 훨씬 작고, 세포와는 구조가 다르며, DNA(핵산) 또는 RNA(리보핵산)라는 유전물질이 단백질 껍질(캡시드 등)에 싸여 있다.

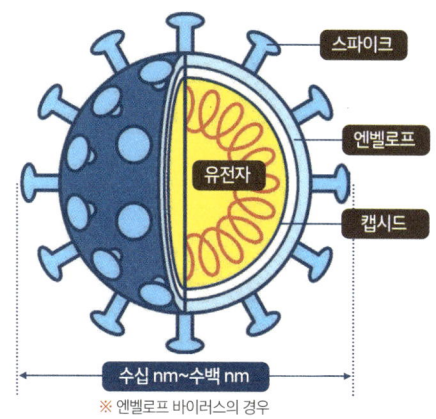

※ 엔벨로프 바이러스의 경우

▶ 하루에 10만 배 증식 (그림 2)

바이러스는 세포 속에서 스스로를 복제하고 증식한다.

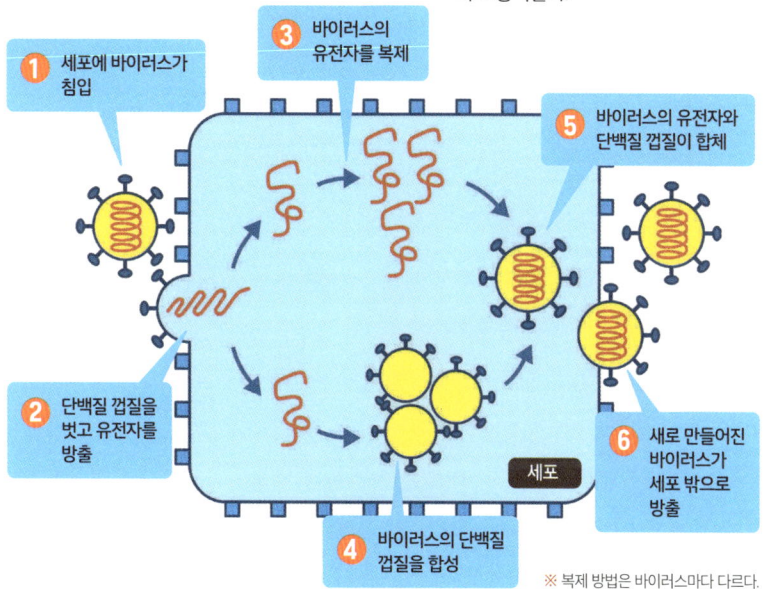

① 세포에 바이러스가 침입
② 단백질 껍질을 벗고 유전자를 방출
③ 바이러스의 유전자를 복제
④ 바이러스의 단백질 껍질을 합성
⑤ 바이러스의 유전자와 단백질 껍질이 합체
⑥ 새로 만들어진 바이러스가 세포 밖으로 방출

※ 복제 방법은 바이러스마다 다르다.

07 [질환] 두통은 왜 생길까? 어떤 종류가 있을까?

근육이 뭉쳐 생기는 '**긴장성 두통**'과,
뇌혈관이 삼차신경을 자극해서 생기는 '**편두통**'이 있다!

감기에 걸린 것도 아닌데 머리가 아프다……. 이처럼 우리를 괴롭히는 두통은 왜 생길까? 두통의 원인은 다양하지만, 가장 흔한 유형에는 '**긴장성 두통**'과 '**편두통**'이 있다.

긴장성 두통은 오랜 시간 같은 자세를 유지할 때, 머리나 목 근육이 뭉치면서 통증을 유발하는 것으로 알려져 있다(그림 1).

편두통은 뇌혈관이 확장되면서 주변의 삼차신경이 자극을 받아 통증이 생기는 것으로 여겨진다. 수면 리듬의 붕괴, 뇌의 작업량 증대, 스트레스 등 생활 속 변화로 인해 나타나기 쉽다(그림 2).

긴장성 두통은 스트레칭이나 목욕을 통해 목과 어깨를 따뜻하게 하고 혈액순환을 촉진함으로써 증상이 완화되는 경우가 많다. 편두통은 구토를 동반하는 등 심한 발작이 반복되면, 전용 약물이 필요할 수 있다.

숙취로 인한 두통도 있다. 이는 알코올이 분해되는 과정에서 생성된 아세트알데히드가 혈관을 확장시키면서 발생한다.

아이스크림이나 빙수를 급하게 먹었을 때도 머리가 아플 수 있다. 원인은 여러 가지 설이 있지만, 입안이 급격히 차가워지면 온도를 회복하기 위해 혈관이 확장되면서 편두통과 유사한 두통이 생긴다는 설이 유력하다. 또한, 삼차신경이 갑작스럽게 차가운 자극을 받으면 짧은 시간 동안 편두통과 같은 메커니즘이 작동하는 것으로 알려져 있다.

긴장성 두통과 편두통이 함께 나타나는 경우도 있다

▶ 긴장성 두통이란? (그림1)

머리와 목의 근육이 뭉치거나 긴장되면 신경을 자극해 통증을 유발한다.

긴장성 두통이란

어떤 증상?
- 머리를 꽉 조이는 듯한 느낌이 있다
- 뒤통수에서 목까지 압박감이 있다
- 목과 어깨가 뭉쳐 있다
- 현기증이 있다

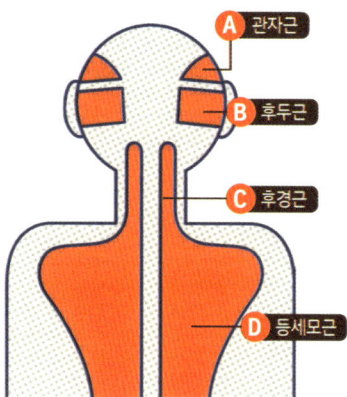

A 관자근
B 후두근
C 후경근
D 등세모근

긴장성 두통의 주요 원인
- 오랜 시간 같은 자세를 취한다
- 오랜 시간 부자연스러운 자세를 취한다

→ A~D 근육의 긴장도가 높아져 두통을 일으킨다

▶ 편두통이란? (그림2)

뇌혈관이 확장되면서 주변의 삼차신경이 자극을 받아 통증이 생긴다.

편두통이란

어떤 증상?
- 한쪽 또는 양쪽 관자놀이가 아프다
- 심장 고동에 맞춰 욱신욱신 아프다
- 몸을 움직이면 통증이 심해진다
- 두통과 함께 구역질을 느낀다

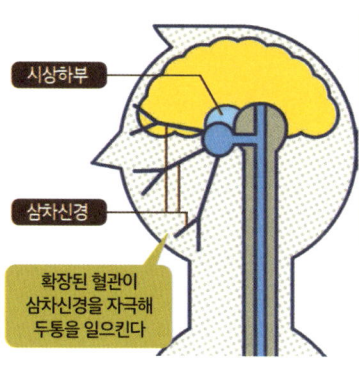

시상하부
삼차신경

확장된 혈관이 삼차신경을 자극해 두통을 일으킨다

편두통의 주요 원인
- 수면 부족과 수면 과다
- 공복, 피로
- 강한 빛이나 냄새
- 뇌 작업량 증대

 감기에 걸리면 왜 열이나 오한이 날까?

[질환]

우리 몸에 위험을 알리는
사이토카인이라는 물질이 나오기 때문에!

감기에 걸리면 보통 열이 나거나 몸이 떨린다. **감기는 코에서 목까지 이어지는 '상기도'에 생기는 급성 염증**으로, 주로 바이러스 때문에 발생한다. 바이러스가 침입하면 우리 몸은 이에 맞서 싸우며 방어 반응으로 염증을 일으키고, 이 과정에서 발열이나 오한 같은 증상이 나타난다.

몸속에 침입한 바이러스는 세포를 파괴하며 점차 수를 늘려간다(➡P24). 이에 맞서 백혈구는 '**사이토카인**'이라는 물질을 분비하며 활발하게 싸운다. 사이토카인은 다른 백혈구를 불러 모을 뿐만 아니라, **뇌의 시상하부에 있는 '체온조절중추'도 자극**한다.

체온조절중추가 체온을 높이라고 지시하면, **뼈대근육이 떨기 시작하며 열을 만들어내려 한다.** 그래서 몸이 덜덜 떨리는 것이다. 이 단계에 이르면, 대부분 체온이 38℃ 이상으로 오른다(오른쪽 그림).

발열로 인한 관절통이나 나른함은 몸을 가만히 쉬게 하도록 유도하는 역할을 한다. 면역 시스템은 많은 에너지를 필요로 하기 때문에 우리는 자연스럽게 활동을 줄이고 신체 회복에 힘을 쏟게 된다.

적절한 발열은 면역력을 높이고 효소 반응을 촉진해 몸에 이롭게 작용한다.

바이러스는 고온에 취약하다

▶ 감기에 의한 발열 구조

발열은 백혈구가 분비하는 사이토카인에 의해 주로 발생한다.

① 바이러스가 상기도로 들어온다

바이러스가 코, 입, 목의 점막에 달라붙는다.

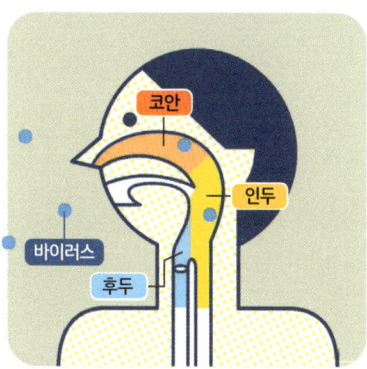

② 백혈구 vs 바이러스

백혈구가 바이러스와 싸우기 시작하면 사이토카인을 분비한다. 사이토카인은 적이 침입했음을 몸에 알리는 역할을 한다.

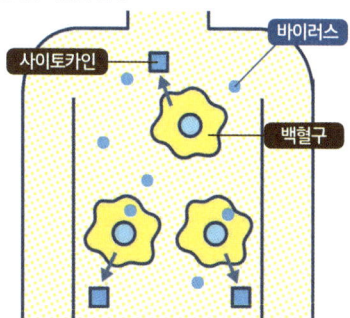

③ 체온조절중추를 자극한다

사이토카인은 뇌의 '체온조절중추'도 자극한다.

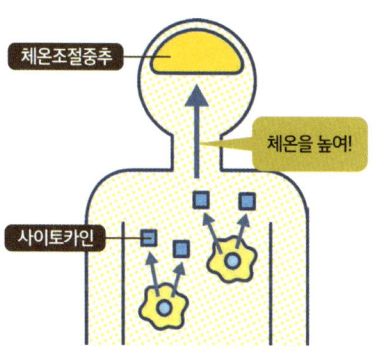

④ 몸이 떨린다

체온을 높이라는 지시를 받으면, 몸의 여러 부위는 근육을 떨게 하여 열을 만들어낸다.

[수면]

사람은 왜 잠을 자야 할까?

뇌를 쉬게 하여 에너지를 비축하는 시간.
수면 시간은 나이에 따라 달라진다!

우리는 왜 잠을 잘까? 우리가 깨어나면 뇌는 외부 자극을 받아 활발히 활동을 시작한다. **수면은 뇌와 몸을 쉬게 하여 뇌를 정리하는 상태**로, 이때 피로가 회복된다. 이렇듯 수면은 심신을 정돈하는 시간이다(오른쪽 그림).

수면 중, 우리 몸은 깨어 있을 때 활동하는 에너지를 비축한다. 부교감신경이 활성화되기 때문에 위장의 활동이 촉진되어 영양 흡수도 원활하게 이루어진다. 기억도 정리된다. 예를 들어, 새롭게 기억한 사항을 기억으로 고정하거나 불필요한 기억을 지우는 과정도 수면 중에 일어난다.

낮 동안의 활동으로 뇌에 생긴 노폐물은 수면 중 글리아세포(➡P147)가 제거하는 **글림파틱 시스템**을 통해 배출된다는 사실도 밝혀졌다. 글림파틱 시스템은 노폐물을 배출하여 뇌를 회복시킨다. 또한, **수면이 여러 가지 질환에 노출될 위험을 억제한다**는 연구도 진행되고 있다.

수면 시간은 나이에 따라 달라진다. 일반적으로 사람은 나이가 들수록 수면 시간이 짧아지고 잠도 얕아진다. 고령이 되면 활동량이 줄어들고, 멜라토닌이나 성장호르몬의 분비가 감소하는 것 역시 영향을 미친다. 또한, **성장호르몬은 수면과 밀접한 관계**가 있다. '잘 자야 키 큰다'는 말처럼, 수면 중에 성장호르몬이 많이 분비되기 때문에 아이는 자연스럽게 성장하게 된다.

아이는 수면 중에 성장호르몬의 영향을 받아 자란다

▶ 수면의 역할

깨어 있을 때 활동하는 에너지를 비축해 뇌를 정리한다. 다음은 수면의 주요 역할이다.

몸을 쉬게 하여 정돈한다

수면을 통해 몸을 쉬게 하여 에너지원을 비축한다.

뇌를 쉬게 한다

자는 동안, 뇌의 활동에 의해 생긴 노폐물을 제거하는 글림파틱 시스템이 작동한다.

노폐물

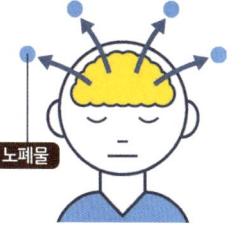

성장호르몬을 분비한다

자는 동안 분비되는 성장호르몬은 아이라면 성장을 촉진하고, 성인이라면 손상된 조직을 회복시킨다.

기억을 정리한다

자는 동안, 새로운 기억을 정리하고 기억을 고정하거나 불필요한 기억을 제거하는 작업이 이루어진다.

기억 제거
기억 고정

영양을 흡수한다

자는 동안, 위장의 움직임이 활발해져 영양분 흡수가 원활하게 이루어진다.

활동 중

수면 시간은 왜 다를까?

뇌와 몸의 피로도가 클수록 수면 시간이 길어진다. 사람은 나이가 들수록 활동량이 줄고, 수면 시간이 짧아지는 경향이 있다.

평균 수면 시간

아이 약 9~10시간
성인 약 7~8시간

10 꿈은 뭘까? '렘수면'과 '논렘수면'
[수면]

**자는 동안 뇌는 정보를 정리한다.
얕은 잠인 렘수면일 때 꿈을 꾼다!**

우리는 자면서 즐거운 꿈, 무서운 꿈, 슬픈 꿈 등 다양한 꿈을 꾼다. 꿈속에서는 하늘을 나는 것과 같이 현실에서 경험할 수 없는 일을 겪는가 하면, 때로는 어린 시절의 세계가 펼쳐지기도 한다. 참으로 신비한 현상이 아닐 수 없다. 우리는 왜 이렇게 다양한 꿈을 꾸는 걸까?

사람은 깨어 있는 동안 여러 가지 것들을 생각하고 학습하며 경험한다. 그때 뇌는 열심히 작동하며 기억이나 정보를 받아들인다. 밤에 잠들면, 뇌는 낮 동안의 활동을 통해 얻은 기억과 정보를 정리하고 처리하려 한다. 이 과정에서 뇌가 활성화되어 **과거의 정보나 다양한 기억의 조각들이 서로 연결되거나 새로운 상상이 덧붙여지기도 한다**. 그 결과, 현실에서는 일어날 수 없는 기묘한 장면들이 꿈에 나타나는 것으로 여겨진다.

수면은 깊은 잠인 논렘수면과 얕은 잠인 렘수면으로 나뉜다(오른쪽 그림). 꿈은 렘수면일 때 꾼다.

논렘수면은 피로한 뇌를 쉬게 하는 수면 단계로, 자는 동안 몸은 뒤척이기도 하지만 눈은 움직이지 않는다. 렘수면은 뇌가 활동하면서 기억을 정리하는 등 여러 작업을 하지만, 몸은 쉬고 있는 수면 단계다. 이때 눈꺼풀 아래에서 눈동자가 활발히 움직인다. **논렘수면과 렘수면은 잠자는 동안 약 90분 간격으로 번갈아 나타난다.**

꿈을 꾸고 뇌를 정리한다

▶ 렘수면과 논렘수면

수면은 깊은 잠인 논렘수면과 얕은 잠인 렘수면으로 나뉘며 약 90분 간격으로 번갈아 나타난다.

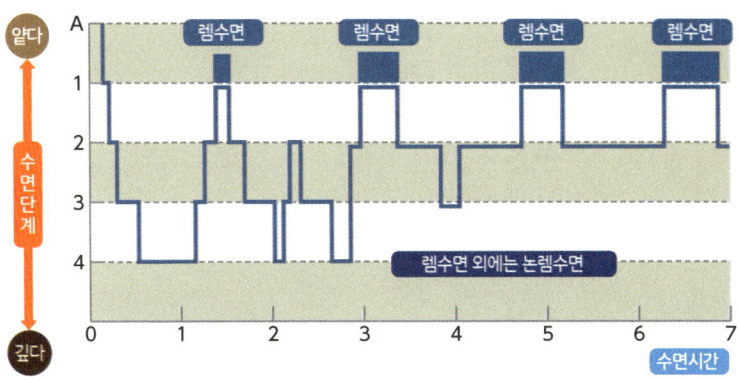

렘수면

얕고 짧은 잠. 피로한 몸을 쉬게 하는 잠으로, 뇌는 활동하고 있다.

논렘수면

길고 깊은 잠. 피로한 뇌를 쉬게 하는 잠으로, 뒤척이는 등 몸이 움직인다.

꿈은 기억날까?

꿈을 잘 꾸지 않는 사람도 사실은 꿈을 꾸지 않는 것이 아니라 잠에서 깨기 직전에 깊은 잠인 논렘수면이 나타나는 유형이다. 이 때문에 렘수면 중에 꾼 꿈은 기억하지 못한다. 반대로 꿈을 기억하는 사람은 잠에서 깨기 직전에 렘수면이 나타나는 유형이다.

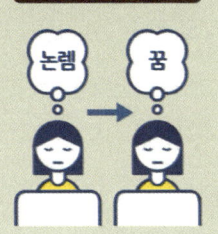

※ 그래프 출처: Dement and Kleitman(1957)

흥미로운 인체 이야기 1

계속 안 자면 사람은 어떻게 될까?

랜디 가드너의 수면 박탈 실험 (그림 1)

4일차
도로 표지판이 사람으로 보이는 등 환각 증세가 나타난다.

9일차
문장을 끝까지 말할 수 없게 된다.

11일차
주의력 및 정신적 능력 저하, 무표정이 나타난다.

'사람은 잠을 자지 않고 얼마나 오래 버틸 수 있을까?'를 알아보는 **'수면 박탈 실험'**은 과거 여러 연구소나 대학 등에서 시행되어왔다. 이 실험에서는 피험자가 잠들지 않도록 실험 보조자가 함께하며, 말벗이 되거나 감시하는 역할을 맡는다.

1964년 미국에서는 랜디 가드너라는 17세 고등학생이 264시간 12분 동안 잠을 자지 않아 실험적 기록을 세운 바 있다. 무려 **11일 동안이나 깨어 있었던 것**이다. 그후, 2007년 영국에서는 토니 라이트가 인터넷 생중계를 통해 **266시간 동안 잠을 자지 않아 또 다른 기록을 세웠다.**

수면 박탈 실험 후, 랜디는 14시간 40분, 토니는 5시간 30분 동안 수면을 취해 컨디션을 회복했다고 한다. 자지 않은 시간에 비하면 비교적 짧은 수면만으로도 어느 정도 회복이 가능한 모양이다.

※ 수면 박탈 실험은 위험하다. 불면 시간에 대한 기록이 더 이상 기네스 세계 기록으로 인정되지 않는 이유도 바로 이 때문이다.

반구수면이란? (그림 2)

전구수면
자는 동안 사람은 뇌 전체를 천천히 쉬게 한다.

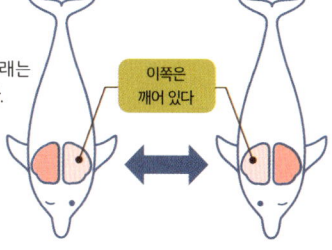

반구수면
자는 동안 돌고래는 뇌를 번갈아 쉰다.

이쪽은 깨어 있다

수면 박탈 실험을 하는 동안 그들의 상태는 어땠을까? 고등학생인 랜디 가드너의 사례를 살펴보자.

수면 박탈 실험 2일 차에는 눈의 초점이 잘 맞지 않았다. 4일 차에는 환각과 기억 장애가 나타나기 시작했다. 6일 차에는 대화 속도가 느려졌으며, 7~8일 차에는 말이 어눌해지고, 기억력도 떨어졌다. 11일 차에는 표정이 사라지고 반응이 둔해졌으며, 주의력과 정신 능력도 저하되었다고 한다(그림 1). 이처럼 **불면은 뇌 기능에 이상을 초래하고, 신체 건강에도 해를 끼칠 수 있다.**

참고로 **겉보기에는 잠을 자지 않는 것처럼 보이는 생명체도 있다.** 예를 들어 돌고래는 새끼를 돌보는 동안 약 한 달간 쉬지 않고 계속 헤엄친다고 알려져 있다. 돌고래는 포유류라서 완전히 잠들면 익사할 수 있다. 이 때문에 돌고래는 헤엄을 치면서도 잘 수 있는 '**반구수면**'이라는 독특한 수면법을 취하고 있다.

뇌는 좌우 두 반구로 나뉘어 있는데, 반구수면에서는 이 좌우 뇌를 번갈아가며 쉬게 한다. **돌고래가 한쪽 눈만 감은 채 물에 떠 있을 때는 반구수면 중인 것으로 여겨진다**(그림 2).

생명체는 어떤 형태로든 잠을 자지 못하면 생존할 수 없는 듯하다. 뇌가 없는 해파리조차 잠을 잔다고 알려져 있으니 말이다. 수면에는 여전히 밝혀지지 않은 부분이 많다.

11 하품은 뭘까? 잠을 안 자면 왜 하품이 나올까?

[뇌]

뇌를 각성시키는 효과는 있지만, 그 발생 원인은 사실 명확히 밝혀지지 않았다!

졸리거나 지루할 때, 피로할 때 등 우리는 가끔 하품을 한다. 대체 어떤 원리로 하품이 나오는 걸까?

하품은 무의식적인 호흡 운동으로, 하품을 하면 머리가 맑아지는 느낌이 든다. 이는 **하품이 정신을 또렷하게 하는** 동시에 몸을 자연스럽게 펴게 하기 때문이다. 또 하품을 할 때는 입을 크게 벌리고 숨을 깊게 들이마시게 된다. 입을 크게 벌리면 턱의 깨물근(음식을 깨무는 근육)이 크게 움직이고, 이 움직임이 대뇌를 자극한다고 여겨진다(그림 1).

하품은 뇌의 시상하부에 있는 '뇌실곁핵'이라는 부위에서 명령을 내려 발생하는 것으로 알려져 있다. 동물실험에서는 이 부위를 자극했을 때 하품이 유발되었다는 결과가 보고되었다. 하지만 하품이 왜 나는지는 아직 명확히 밝혀지지 않았다.

하품을 하면 숨을 깊이 들이마시게 되어 새로운 산소가 들어오고, 그로 인해 뇌가 자극된다는 설이 있다. 또한, 하품은 각성에서 수면으로, 또는 수면에서 각성으로 전환될 때 뇌의 상태를 바꾸는 역할을 한다고도 알려져 있다. 최근에는 하품을 통해 들이마신 공기가 목의 혈관을 식혀, **뇌에 차가운 혈액이 공급되면서 뇌의 온도 상승을 억제한다는 설**도 제기되고 있다(그림 2).

하품은 일시적으로 뇌를 각성시킨다

▶ 하품의 반응 (그림1)

하품은 뇌를 일시적으로 각성시키는 등, 몸에 다양한 반응을 일으킨다.

대뇌가 각성한다
얼굴 근육을 움직이는 자극이 대뇌를 각성시킨다.

눈물이 나온다
얼굴 근육이 눈물샘을 자극해 고여 있던 눈물이 나온다.

몸이 늘어난다
하품과 함께 몸통과 팔다리가 자연스럽게 늘어나 스트레칭 효과를 준다.

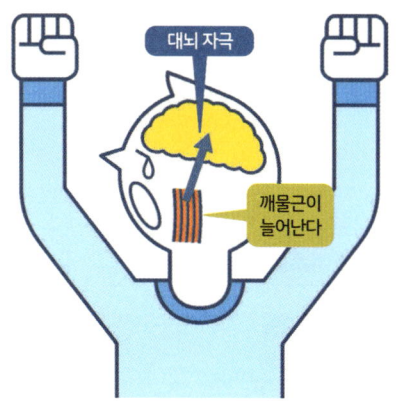

▶ 하품의 원인에 대해서는 여러 가지 설이 있다 (그림2)

하품이 나오는 원인은 아직 명확히 밝혀지지 않았다.

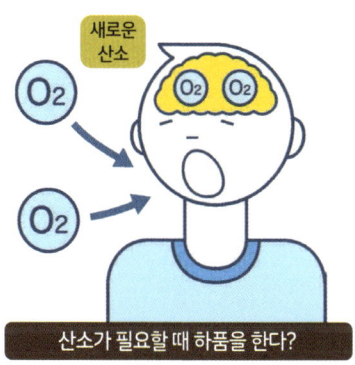

산소가 필요할 때 하품을 한다?
하품을 통해 새로운 산소가 뇌로 들어가 뇌를 깨운다는 설도 있지만, 하품만으로는 산소 부족을 해소할 수 없다는 연구 결과도 있다.

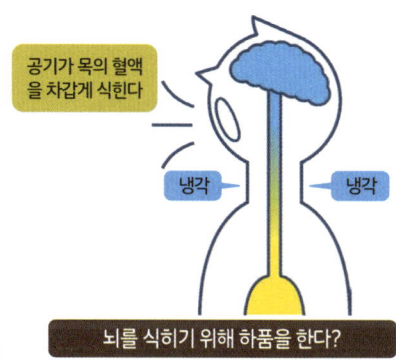

뇌를 식히기 위해 하품을 한다?
하품을 할 때 들이마신 공기가 뇌를 식힌다는 설. 뇌는 낮은 온도에서 더 효율적으로 작동한다고 한다.

12 [취함] 사람은 왜 술을 마시면 취할까?

'취한다'는 것은 **혈액 속 알코올**이 **뇌 기능을 변화시킨 상태!**

술을 마시고 취했다는 건 어떤 상태일까?

알코올은 몸속에 들어오면 위와 작은창자(소장)에서 흡수되어 혈액에 녹아 전신으로 퍼져나간다. 이때 **뇌로 전달된 알코올로 인해 뇌 기능이 변한 상태를 '취했다'고 한다**(오른쪽 그림).

혈중 알코올 농도에 따라 뇌에 미치는 영향의 범위도 달라진다. 농도가 낮을 때는 주로 이성을 담당하는 뇌 부위의 기능이 떨어져 기분이 들뜨고 유쾌해지는 정도에 그친다. 그러나 **농도가 높아질수록 운동 기능을 담당하는 부위의 기능까지 저하**되어, 비틀비틀 걷게 되는 등 몸의 움직임에도 영향을 준다. 게다가 기억을 담당하는 뇌의 기능도 저하되어, 나중에 기억이 나지 않는 상태가 되기도 한다. 알코올이 뇌 기능을 지나치게 억제하면, 호흡이나 혈액순환에 문제가 생기는 급성 알코올 중독으로 이어질 수 있다.

혈액 속의 알코올은 간에서 처리된다. 알코올은 간에서 효소의 작용으로 독성이 강한 **아세트알데히드**로 바뀌고, 다시 아세트산으로 분해된다. 아세트산은 지방 조직이나 근육에서 물과 이산화탄소로 분해된 뒤, 몸 밖으로 배출된다.

알코올을 분해하는 능력은 사람마다 다르다. 분해가 빠른 사람은 **활성형** 아세트알데히드 탈수소효소를 많이 가지고 있다. 저활성형인 사람은 술에 약한 편이며, **비활성형**인 사람은 아예 술을 마시기 어려운 체질이다.

알코올은 물과 이산화탄소로 분해된다

▶ 술을 마시면 어떻게 될까?

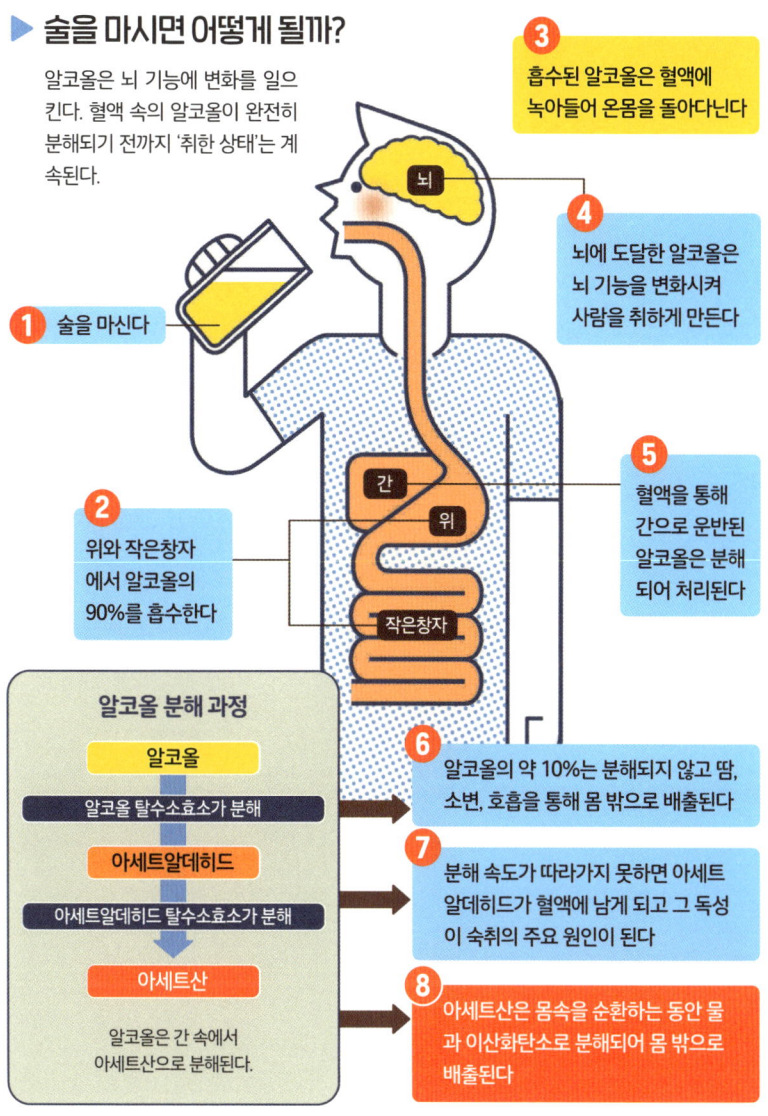

알코올은 뇌 기능에 변화를 일으킨다. 혈액 속의 알코올이 완전히 분해되기 전까지 '취한 상태'는 계속된다.

13 혈액형은 뭘까?
혈액형에 따라 무엇이 다를까?

[혈액]

그렇구나! 적혈구의 항원과 혈장의 항체가 있는지 없는지의 차이.
섞이면 피가 응고되는 조합에 주의!

혈액형은 어떤 기준으로 나뉠까? 가장 잘 알려진 것은 **ABO식**으로, A, B, O, AB의 4가지가 있다(그림 1). 이 외에도 **Rh식**(+, -), **MN식**(M, N, MN) 등이 있으며, 참고로 혈액형을 나누는 분류법은 20가지가 넘는다.

ABO식은 적혈구 표면에 있는 '항원'과 혈장 속에 있는 '항체'의 종류에 따라 나뉜다. 예를 들어 A형 혈액에는 A항원과 항B항체가, B형 혈액에는 B항원과 항A항체가 포함되어 있다. 만약 A형 혈액이 B형 혈액에 들어가면, B형 혈장 속의 항A항체와 A형 적혈구의 A항원이 반응해 혈액이 굳어버린다(그림 2). 이 때문에 **A형과 B형 사이에는 수혈이 불가능**하다. 수혈은 같은 혈액형끼리 하는 것이 기본 원칙이다.

혈액형을 알아보는 검사는 항원과 항체의 반응을 이용해 이루어진다. 적혈구 표면의 A항원과 B항원을 확인하는 전향형 검사와 혈장 속의 항A항체와 항B항체를 확인하는 역형 검사를 시행하며, 두 검사의 결과가 일치할 때 혈액형을 판정한다.

Rh식은 D항원의 유무에 따라 구분된다. D항원이 있으면 Rh+, 없으면 Rh-로 분류된다. Rh+와 Rh-끼리 수혈하면 역시 혈액이 응고될 수 있으므로 주의가 필요하다.

피가 굳는 이유는 항원-항체 반응 때문이다

▶ ABO식 혈액형의 차이 (그림1)

적혈구 표면의 항원과 혈장 속 항체의 종류에 따라 혈액형이 나뉜다.

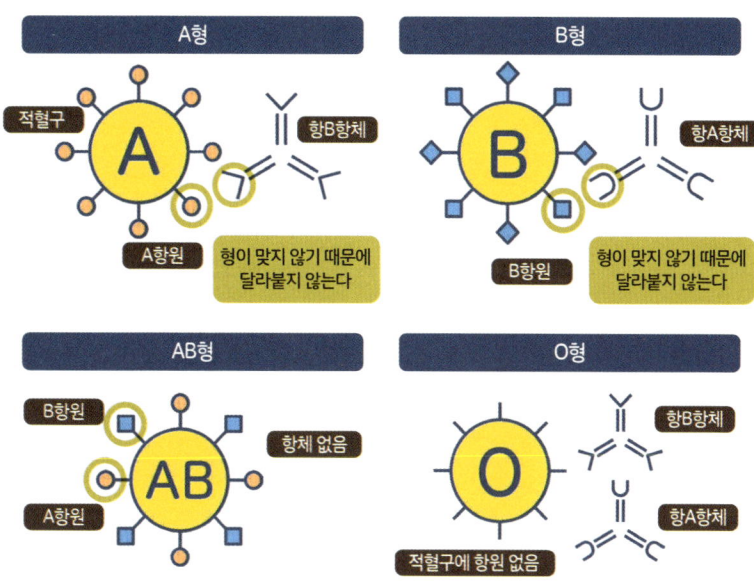

▶ B형 혈액에 A형 혈액을 섞으면? (그림2)

B형 적혈구의 B항원과 A형 혈장 속의 항B항체가 반응하면 혈액이 굳는다.

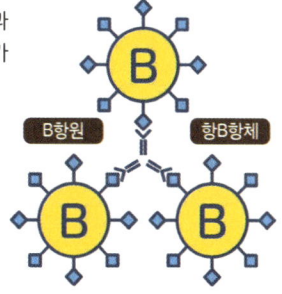

항B항체에 B항원을 가진 적혈구가 달라붙으면 항원-항체 반응이 일어난다.

항원과 항체란?

항원이란 몸속에서 항체가 만들어지는 원인이 되는 물질이다. 항체는 항원이 침입했을 때 그것에 대응하여 생성되는 단백질이다. 항원과 항체가 결합해 일으키는 반응은 면역 반응의 한 종류이기도 하다.

14 눈물은 왜 흐를까?
[눈]

눈의 역할은 다양하다. 눈의 촉촉함을 유지하고, 눈을 보호하며, 감정도 표현한다!

눈의 역할은 다양하다(그림 1). **눈물은 윗눈꺼풀 안쪽에 있는 '눈물샘'이라는 기관에서 만들어진다.** 사실 눈에서는 항상 눈물이 분비되고 있으며, 그 양은 하루 평균 2~3mL 정도다. 이는 **'기초 분비 눈물'**이라 하며, 눈이 건조하지 않도록 촉촉함을 유지하는 역할을 한다.

또한, 눈에 먼지나 알레르기를 일으키는 이물질이 들어왔을 때도 눈물이 나온다. 이는 **'반사 눈물'**이라고 하며, 눈을 보호하고 청결하게 유지하는 역할을 한다.

기쁘거나 슬플 때, 또는 깊이 공감했을 때도 눈물이 흐른다. 눈물샘은 삼차신경과 자율신경(➡P158)에 의해 조절되며, 이 때문에 감정이 고조될 때 눈물이 나는 것으로 여겨진다. 다만 이 기능은 개인차가 크고 매우 복잡하므로 명확하게 설명하기는 어렵다. 이러한 눈물을 **'감정 눈물'**이라 부르며, 인간 사이의 섬세한 의사소통에 도움을 준다.

기초 분비 눈물은 눈 안쪽에 있는 작은 점인 눈물점을 통해 눈물소관이라는 관으로 들어간다. 그리고 눈물은 눈물소관을 거쳐 코눈물관을 통해 코안으로 흘러 들어간다. **눈물이 과도하게 분비될 때는 눈물뿐만 아니라 콧물까지 함께 나는 경우가 있다. 이는 눈물이 코눈물관을 통해 코안으로도 흘러들기 때문**이다(그림 2).

눈물이 많아지면 콧물이 되어 흘러나온다

▶ 눈물의 종류 (그림1)

기초 분비 눈물
눈물샘에서 항상 눈물이 나와 눈이 마르지 않게 한다.

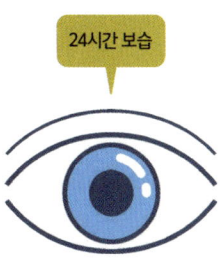

반사 눈물
눈에 이물질이 들어갔을 때 눈물이 나와 밖으로 흘려보낸다.

감정 눈물
감정이 고조되었을 때 삼차신경 등의 자극에 따라 눈물이 나온다.

▶ 눈물은 눈과 코로 흐른다 (그림2)

눈이 건조하지 않도록 눈물샘에서는 항상 눈물이 분비되고 있다. 그런데 눈에 이물질 등이 들어가면 눈물의 양이 증가하여, 많은 양의 눈물이 눈과 코를 통해 흘러나오게 된다.

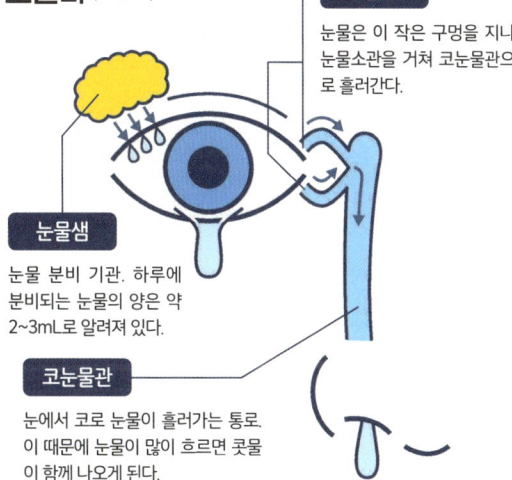

눈물점
눈물은 이 작은 구멍을 지나 눈물소관을 거쳐 코눈물관으로 흘러간다.

눈물샘
눈물 분비 기관. 하루에 분비되는 눈물의 양은 약 2~3mL로 알려져 있다.

코눈물관
눈에서 코로 눈물이 흘러가는 통로. 이 때문에 눈물이 많이 흐르면 콧물이 함께 나오게 된다.

15 사람마다 눈 색깔이 다른 이유는?
[눈]

그렇구나! 동공 주위에 있는 **홍채**의 **멜라닌 색소** 차이로 눈 색깔이 달라진다!

검은색, 파란색, 갈색…… 사람마다 눈 색깔은 다양하다. 같은 인간인데도 왜 눈 색깔이 다를까?

눈 색깔은 곧 홍채의 색을 말한다. 홍채는 동공의 크기를 조절하는 민무늬근육으로 이루어져 있으며, 동공을 통해 들어오는 빛의 양을 조절한다. 표면에는 멜라닌 색소를 포함한 색소세포가 그물망 형태로 흩어져 있다. 이 멜라닌 색소의 양이나 농도, 분포의 차이로 인해 눈의 색깔이 달라 보이는 것이다.

예를 들어, 멜라닌 색소의 양이 많으면 홍채는 검게 보이고, 그보다 적으면 갈색으로 보인다(오른쪽 그림).

홍채의 색소세포가 만들어내는 그물망 모양의 무늬는 그 사람만의 고유한 특징이다. 아이의 눈동자 색은 유전에 따라 결정되지만, 홍채 모양은 태아 시기에 무작위로 형성되기 때문에 일란성 쌍둥이일지라도 서로 다르다.

이처럼 홍채가 만들어내는 그물망의 무늬는 사람마다 달라, 지문처럼 개인을 구별하는 특징이 된다. 지문은 나이가 들수록 닳을 수 있지만, 홍채는 눈꺼풀과 각막에 의해 보호되기 때문에 평생 거의 변하지 않는다. 이 때문에 홍채는 생체 인증 수단 **(홍채 인식)**으로 활용되며, 실제로 일부 공항의 입국 절차에서 본인 확인 용도로 사용되고 있다.

홍채는 생체 인증 수단으로 활용된다

▶ 눈 색깔은 홍채로 결정된다

눈 색깔은 곧 홍채의 색을 의미하며, 사람마다 각각 다르다.

홍채 모양

홍채 표면에 그물망 모양으로 퍼져 있으며, 이로 인해 나타나는 무늬는 그 사람만의 고유한 특징이다. 이러한 홍채의 모양은 생체 인증 기술에도 활용된다.

동공 홍채에 둘러싸인 구멍으로, 들어오는 빛의 양에 따라 크기가 조절된다.

홍채 그물망 모양의 막. 민무늬근육이 동공의 크기를 조절하여 들어오는 빛의 양을 조절한다.

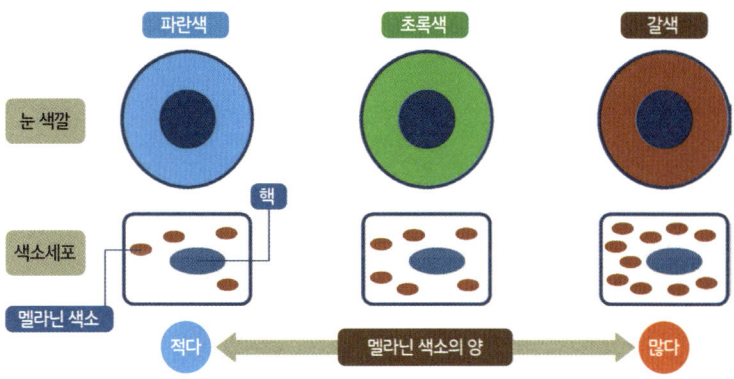

멜라닌 색소에 의한 색의 변화

홍채 표면에 그물망 모양으로 퍼져 있는 색소세포에 포함된 멜라닌 색소의 양과 농도, 분포의 차이에 따라 눈 색깔이 달라진다.

흥미로운 인체 이야기 2

날아오는 총알을 보고 피할 수 있을까?

총을 든 사람이 10m 앞에 서 있다고 가정해보자. 사람은 날아오는 총알을 보고 과연 피할 수 있을까?

총알의 속도는 종류에 따라 다르지만, 일반적으로 초속 250~500m 정도이다. 지금 **초속 250m인 총알**이 날아오고 있다고 상상해보자. **총알이 10m를 이동하는 데 걸리는 시간은 0.04초(40밀리초)**다.

사람이 어떤 자극을 받아 거기에 반응하는 행동이 나타나기까지 걸리는 시간을 **'반응 시간'**이라고 한다. 빛이나 소리 자극에 최대한 빨리 버튼을 누르게 한 실험에서는, **사람의 반응 시간이 0.15~0.3초**라는 결과가 나왔다. 이 정도 속도로는 제때 반응하기가 힘들 수밖에 없다.

더욱이 총알을 피하는 동작은 버튼을 누르는 것보다 훨씬 더 복잡하다. 판단과 동작이 복잡해질수록 반응 시간은 길어지게 된다. 예를 들어 운전 중에 고양이가 갑자기 튀어나왔다고 가정해보자. 고양이를 본 시각 정보가 뇌로 전달되어 뇌는 '급브

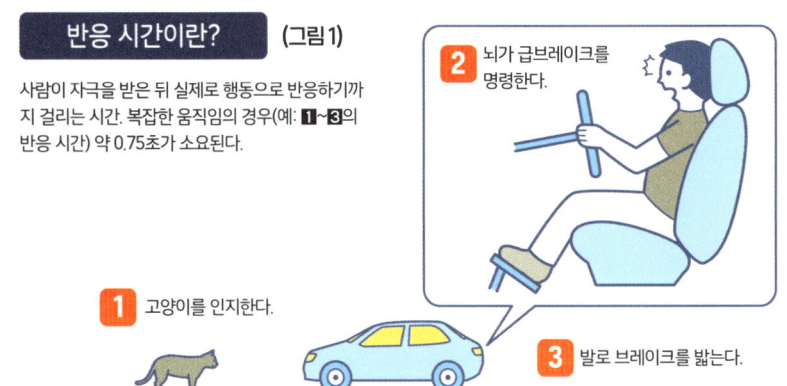

반응 시간이란? (그림1)

사람이 자극을 받은 뒤 실제로 행동으로 반응하기까지 걸리는 시간. 복잡한 움직임의 경우(예: ❶~❸의 반응 시간) 약 0.75초가 소요된다.

❶ 고양이를 인지한다.
❷ 뇌가 급브레이크를 명령한다.
❸ 발로 브레이크를 밟는다.

레이크!'라고 판단한다. 이 판단은 운동신경을 통해 발로 전달되어 브레이크를 밟는 동작으로 이어진다. 이 일련의 반응에는 약 0.75초가 걸리는 것으로 알려져 있다(그림 1). 개인차는 있지만, 인체의 구조상 이보다 더 빠르게 반응하는 것은 불가능하다는 뜻이다. 즉, **사람의 능력으로는 영화처럼 날아오는 총알을 보고 즉시 피하는 것은 불가능**하다.

하지만 뇌와 신경이 만드는 네트워크 대신 기계의 힘을 이용하면 반응 시간을 단축할 수 있다. 카메라와 EMS(근전기 자극) 장치를 몸에 장착하고, **뇌가 내보내는 명령을 기계가 대신 수행**하게 함으로써 반응 시간을 줄이는 기술을 개발한 연구자도 있다.

사람에게 레이더를 장착해 날아오는 총알을 감지할 수 있다면, 전기 자극으로 근육을 직접 움직여 몸의 자세를 낮춰 총알을 피하는 시스템도 가능하지 않을까?(그림 2) 총알을 완전히 피하기는 어렵더라도, 전기 자극은 수십 밀리초 이내에 근육을 수축시킬 수 있기 때문에 급소를 피하는 정도는 가능할지도 모른다. 이러한 기술을 **'인간 확장'**이라고 한다.

16 '아야!', '뜨거워!' 이런 감각은 왜 생길까?
[감각]

그렇구나! 몸에는 촉각뿐만 아니라 통각, 온각, 냉각, 압각도 있다!

'아야!', '뜨거워!' 이런 감각은 어떻게 느끼는 걸까?

오감 중 '촉각'은 피부에서 느낄 수 있다. 다만 단순히 무언가에 닿는다는 감각인 '촉각' 이외에도 통증을 느끼는 '통각', 따뜻함이나 뜨거움을 느끼는 '온각', 시원함이나 차가움을 느끼는 '냉각', 그리고 눌리는 느낌을 감지하는 '압각'이 존재한다. **각각의 감각은 그에 대응하는 수용기(감각점)가 자극을 받아들이면서 인식**된다.

수용기는 촉점(압점), 통점, 온점, 냉점의 네 종류가 있으며, 전신의 피부에 고루 분포해 있다(그림 1). 수용기 중 40% 이상은 마이스너소체가 차지하며 촉각을 받아들이는 역할을 한다. 자율신경종말은 통각, 온각, 냉각을 감지하며, 파치니소체는 압각과 촉각(특히 진동)을 감지한다. 크라우제소체는 냉각과 압각, 촉각을 느끼고, 메르켈판은 촉각과 압각을, 루피니소체는 촉각을 감지한다.※

그중에서도 통각은 몸이 위험한 상태에 처해 있음을 알려주는 중요한 감각이다. 베이거나 순간적으로 강하게 눌리는 등의 강한 자극은 날카로운 통증으로 나타나며, 신경을 통해 뇌로 전달된다. 매우 높은 온도나 낮은 온도 또한 통증으로 인식된다.

참고로, 손끝이나 입 주변 등이 통증이나 열감, 냉감을 더 민감하게 느끼는 이유는 해당 부위에 수용기가 밀집해 있기 때문이다(그림 2).

※ 온도와 촉각 수용체를 발견한 과학자들에게 2021년 노벨 생리학·의학상이 수여되었다.

수용기마다 느끼는 통증이 있다

▶ 수용기의 구조 (그림1)

피부에 가해진 자극은 피부의 수용기(센서)에 의해 감지되어 신경을 통해 뇌로 전달된다.

촉각 25개/cm² — 무언가에 닿았을 때의 감각은 마이스너소체 등을 통해 감지된다.

온각 0~3개/cm² — 45℃까지의 열감은 자유신경종말을 통해 감지된다.

냉각 6~23개/cm² — 10℃까지의 냉감은 자유신경종말 등을 통해 감지된다.

압각 25개/cm² — 피부가 눌리는 감각은 파치니소체 등을 통해 감지된다.

통각 100~200개/cm² — 통증 감각은 자유신경종말을 통해 감지된다. (10~45℃ 이외의 온도는 통각으로 감지된다.)

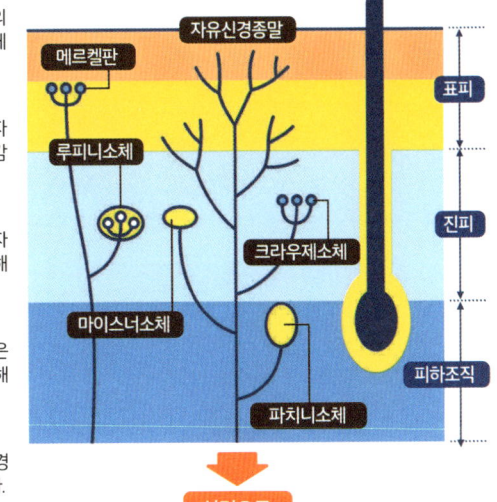

▶ 신체 부위에 따른 민감도의 차이 (그림2)

감각은 피부에 분포한 수용기에서 비롯된다. 수용기의 수와 분포는 신체 부위에 따라 다르며, 수용기가 많이 모여 있는 부위일수록 감각이 더 민감하다.

- 볼 23mm
- 입술 5mm
- 등 65mm
- 손가락 바닥면 2mm
- 손등 30mm
- 허벅지 65mm
- 발바닥 15~20mm

피부의 두 지점을 동시에 자극하여 이를 두 점으로 인식할 수 있는 최소 거리를 통해 감각의 민감도를 측정할 수 있다.

※ 거리가 짧을수록 민감하다.

17 [모발] 털은 왜 자랄까?

그렇구나! 모근의 가장 아래쪽에서 **세포가 분열**하여 모구가 살아 있는 동안 **약 2~6년에 걸쳐 계속 자란다!**

머리카락은 **'케라틴'이라는 단백질**로 이루어져 있다. 이러한 털은 어떤 원리로 자라는 걸까?

피부 속에 파묻혀 있는 부분의 털을 모근, 피부 밖으로 나와 있는 부분을 모간이라고 한다. 모근의 가장 아래쪽을 모구라고 하며, 이곳에서 세포분열이 일어나 털이 자라난다. 이때 색소세포가 털 속으로 침투하여 모발의 색을 만들어낸다.

사람의 머리카락은 약 10만 개가 있다. 개인차는 있지만, **머리카락은 한 달에 10~20mm 자라며, 모구의 수명은 약 2~6년**인 것으로 알려져 있다. 이 기간에 머리카락은 계속해서 자라며(성장기), 수명이 다하면 성장이 멈춘다(퇴행기). 성장이 멈춘 머리카락은 점차 피부 위쪽으로 밀려 올라가고(휴지기), 결국 빠지게 된다. 이처럼 머리카락이 새로 나고 빠지는 주기를 모주기라고 하며, 머리카락 한 올이 자라기 시작해 빠지기까지는 약 3~6년이 걸리는 것으로 알려져 있다(오른쪽 그림).

머리카락을 만드는 세포는 모모세포라고 불린다. 모주기마다 줄기세포에서 모모세포가 분열하여, 털이 새롭게 자라난다. 하지만 나이가 들수록 줄기세포는 분열을 멈추고, 그에 따라 모발도 줄어든다. 색소세포가 감소하면 머리카락은 하얗게 변한다. 또한 나이가 들어감에 따라 머리카락이 가늘어지는 경향이 있으며, 최근에는 비만과 탈모 사이의 관련성에 대한 연구도 진행되고 있다.

머리카락은 성장과 탈모를 반복한다

▶ 머리카락의 사이클

머리카락이 새로 자라고 빠지는 주기를 모주기라고 한다. 성장기, 퇴행기, 휴지기의 사이클을 반복한다.

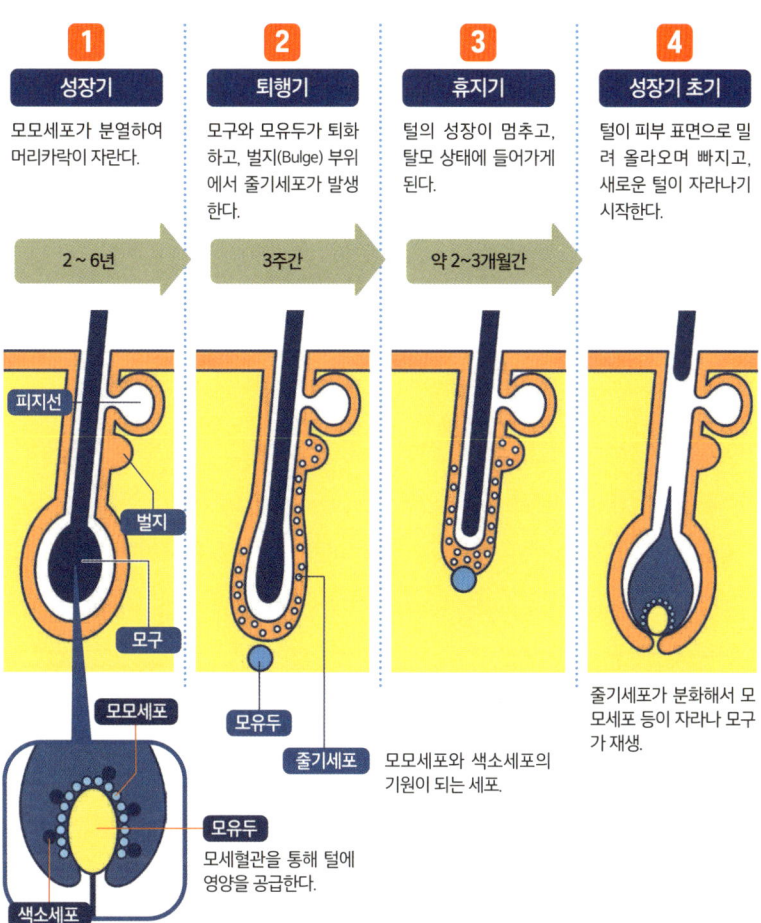

1 성장기
모모세포가 분열하여 머리카락이 자란다.
2~6년

2 퇴행기
모구와 모유두가 퇴화하고, 벌지(Bulge) 부위에서 줄기세포가 발생한다.
3주간

3 휴지기
털의 성장이 멈추고, 탈모 상태에 들어가게 된다.
약 2~3개월간

4 성장기 초기
털이 피부 표면으로 밀려 올라오며 빠지고, 새로운 털이 자라나기 시작한다.

피지선
벌지
모구
모모세포
모유두 - 모세혈관을 통해 털에 영양을 공급한다.
색소세포
줄기세포
모모세포와 색소세포의 기원이 되는 세포.
줄기세포가 분화해서 모모세포 등이 자라나 모구가 재생.

18 '스트레스'란 뭘까? 왜 느낄까?

[스트레스]

외부 자극의 부담은 스트레스로 작용하지만 사람은 스트레스를 극복하며 단련된다!

스트레스라는 말은 고통이나 고뇌를 뜻하는 영어 '디스트레스(distress)'에서 유래한 것으로 알려져 있다. 그렇다면 스트레스란 과연 뭘까?

스트레스란 외부 환경으로부터 몸에 가해지는 '부하' 전반을 의미한다(그림 1). 열감이나 냉감, 소음 등에 의한 생리적 스트레스, 약물이나 대기 중 유해물질에 의한 화학적 스트레스, 바이러스나 세균 등에 의한 병리적 스트레스, 업무나 인간관계에서 비롯되는 심리적 스트레스 등으로 구분할 수 있다. 이 가운데 **특히 최근 들어 증가하고 있다고 알려진 것은 심리적 스트레스**다.

적절한 스트레스는 호르미시스 효과(소량의 스트레스가 오히려 몸에 긍정적인 영향을 주는 현상)를 일으켜 유익하게 작용하기도 한다. 예를 들어, 사람들 앞에서 발표할 때 긴장으로 인해 스트레스를 받으면 스트레스 호르몬이 분비되는 동시에, 교감신경이 활성화되어 심박수가 증가한다. 그러나 발표에 익숙해지면 부교감신경이 우위를 차지하게 되며, 점차 마음이 차분해진다. 이처럼 **우리는 적절한 스트레스를 통해 자율신경 등의 작용이 단련되고, 이를 극복해나가며 살아가고 있는 것**이다(그림 2).

하지만 스트레스가 몸이 적응할 수 있는 범위를 넘어서고 장기화되면, 교감신경과 부교감신경의 균형이 무너져 건강 상태가 나빠진다. 스트레스는 **적절한 양이나 종류일 경우 유익하게 작용하지만, 과도해지면 오히려 해롭게 작용**하게 된다.

스트레스가 자율신경과 호르몬 분비를 자극

▶ 여러 가지 스트레스의 원인 (그림 1)

스트레스를 느끼는 원인은 다음 5가지로 나눌 수 있다.

생리적 스트레스	화학적 스트레스	심리적 스트레스	생물적 스트레스	사회적 스트레스
외부로부터 직접 받는 자극	화학물질에 의한 자극	기분에서 비롯된 자극	감염증 등이 유발하는 자극	사회생활에서 비롯된 자극
온도 빛 소음 진동 등	담배 술 대기오염 등	불안 분노 슬픔 기쁨 등	세균 바이러스 꽃가루 알레르기 등	직장 환경 가정 문제 등

▶ 스트레스 반응이란? (그림 2)

호르몬 분비 ◀——— **뇌** ———▶ **자율신경**

스트레스는 뇌가 받는다.

β엔돌핀
불안이나 긴장 등을 완화하는 작용. 일명 뇌내 마약.

코르티솔
대사 활동과 면역 기능을 활성화하여 신체를 스트레스로부터 보호하는 역할.

사람들의 시선을 받아 스트레스를 느낀다!

교감신경이 작용하여 혈액 속에 아드레날린을 분비한다.

아드레날린에 의해 혈압과 심박수가 상승하고, 식욕이 줄어든다.

익숙해지면…

부교감신경이 활발해져 심신이 차분해진다.

19 사람은 왜 졸릴까?
[수면]

'항상성 유지 작용', '생체시계', '각성 상태 유지'의 구조가 수면에 관여한다!

우리는 왜 일정한 시간대가 되면 잠이 올까?

그 이유는 졸음을 유발하는 데에 **'항상성 유지 작용', '생체시계', '각성 상태 유지'** 라는 구조가 관여하고 있기 때문이다(그림 1).

항상성 유지 작용은 깨어 있는 동안 점차 졸음이 축적되는 메커니즘으로, 깨어 있는 시간이 길어질수록 뇌에 피로 물질이 쌓여 졸음을 유발하게 된다.

생체시계는 뇌의 시상교차핵에서 발생하는 약 24시간 주기의 리듬 신호로, 하루 동안의 낮과 밤의 변화에 맞춰 몸의 상태를 조절하는 시스템이다. 생체시계의 작용으로 밤이 되면 몸은 자연스럽게 휴식 모드로 전환되며, 이에 따라 졸음이 찾아온다. 또한 생체시계는 밤에 어두워지면 분비되는 멜라토닌이라는 호르몬과 관련이 있는 것으로 알려져 있다.

아울러 체내에는 각성을 유도하는 신경세포 구조인 **'각성 시스템'**과 수면을 촉진하는 신경세포 구조인 **'수면 시스템'**이 존재한다. 각성 시스템의 작용이 약해지고 수면 시스템이 우위를 점하면 잠이 오게 되며, 이 두 시스템의 균형 관계에 따라 수면과 각성 상태가 조절된다(그림 2).

각성과 수면의 전환에는 오렉신이라는 신경전달물질도 관여한다. 오렉신은 **'각성 유지 작용'**에 중요한 역할을 하는 호르몬으로, 뇌에 작용하여 몸을 깨어 있는 상태로 유지시킨다.

오렉신이 각성 상태를 안정시킨다

▶ 수면을 일으키는 두 가지 구조 (그림1)

피로가 쌓이면 잠이 오는 '항상성 유지 작용'과 생체 리듬에 따라 졸음을 유발하는 '생체시계 주기'가 수면에 관여한다. 생체시계는 멜라토닌이라는 호르몬과 관련이 있는 것으로 알려져 있다. 멜라토닌은 빛의 자극에 따라 분비가 조절되며, 낮에는 분비량이 적고, 밤에는 증가한다.

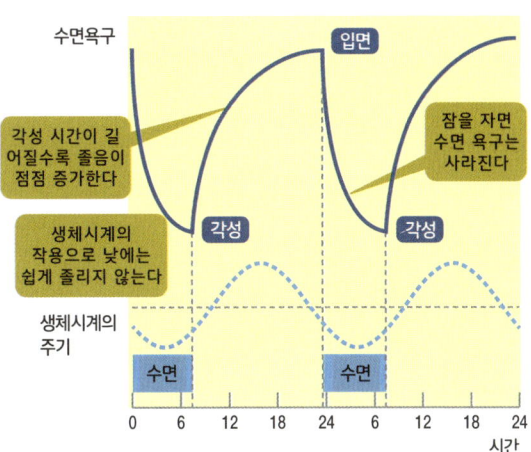

▶ 수면 상태와 각성 상태 (그림2)

수면을 촉진하는 시스템과 각성을 유도하는 시스템은 시소처럼 서로를 억제하며 균형을 이루고 있으며, 이 전환에는 오렉신이 관여한다.

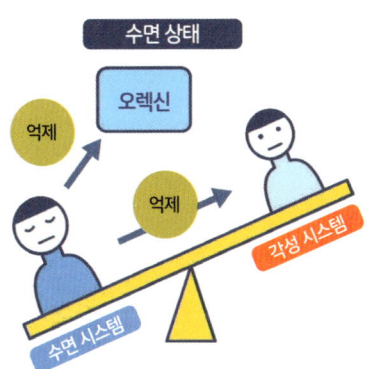

수면 중에는 뇌 속 수면 시스템이 작용하여 각성을 유도하는 시스템을 억제한다.

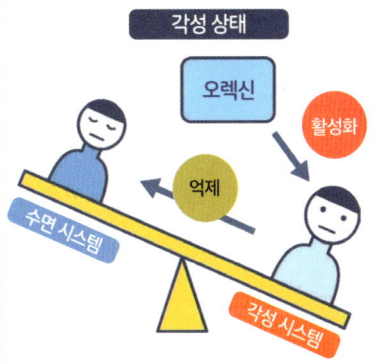

각성 시에는 각성 시스템이 작용하며 오렉신이 각성 상태의 유지와 안정화에 관여한다.

20 '백신'의 원리는 무엇일까?

[면역]

미리 획득면역을 형성하여 병원체를 배제하는 **질병 예방법!**

병원체에 의한 감염을 예방하는 **'백신'**의 원리를 살펴보자.

몸속에 병원체가 침입하면, 우리 몸은 자연면역과 획득면역의 구조를 통해 병원체와 싸우게 된다(➡ P20). 하지만 면역을 획득하여 항체가 만들어지기까지는 시간이 걸리므로 병원체의 증식을 막지 못하면 질병이 악화될 수 있다.

백신은 획득면역의 원리를 활용한 질병 예방법이다. 미리 병원체를 체내에 기억시켜 면역세포를 훈련해두는 방식이다(그림 1). 백신을 통해 체내에 항체가 만들어지면, 그 정보는 면역세포에 저장된다. 이후 같은 종류의 병원체가 침입하면, 면역세포가 빠르게 반응하여 이를 배제할 수 있게 된다.

현재 사용되는 백신에는 여러 종류가 있다.

생백신은 병원성을 약화시킨 바이러스를 체내에 접종하는 백신이다.

불활성화 백신은 무독화하거나 약독화한 바이러스를 사용한다. 병원체는 불활성화 처리가 되어 있기 때문에, 백신으로 인체에 접종하더라도 대부분 증상이 나타나지 않는다.

유전자 백신은 유전자를 체내에 주입하여 인체 안에서 항원 단백질을 스스로 생성하게 하는 기술이다. **전령RNA(mRNA) 백신**도 이러한 유전자 백신 기술 중 하나다(그림 2). 체외에서 항원 단백질을 만들어 접종하는 방식은 **재조합 단백질 백신**이라고 불린다.

새로운 항체를 생성하여 병원체를 신속하게 배제한다

▶ 백신의 원리 (불활성화 백신의 예) (그림 1)

어떤 병원체에서 독성을 제거한 뒤, 백신의 형태로 체내에 주입함으로써 미리 면역력을 형성하고, 해당 병원체로부터 몸을 보호한다.

1 백신을 주입한다

독성을 없앤 병원체로 만든 백신을 접종해 미리 몸 안에 면역력을 만들어둔다.

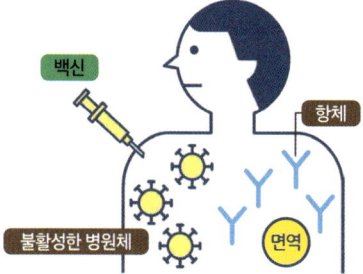

2 병원체에 대비한다

백신과 같은 종류의 병원체가 침입해도 곧바로 항체가 만들어지기 때문에 신속하게 병원체를 제거한다.

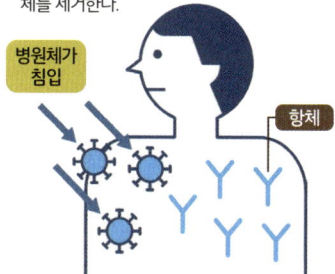

▶ 유전자 백신의 원리 (그림 2)

병원체의 항원 단백질을 합성하는 유전자를 특정해 mRNA 등의 형태로 체내에 투여하면, 체내에서 항원 단백질만이 생성되어 항체가 형성될 수 있다.

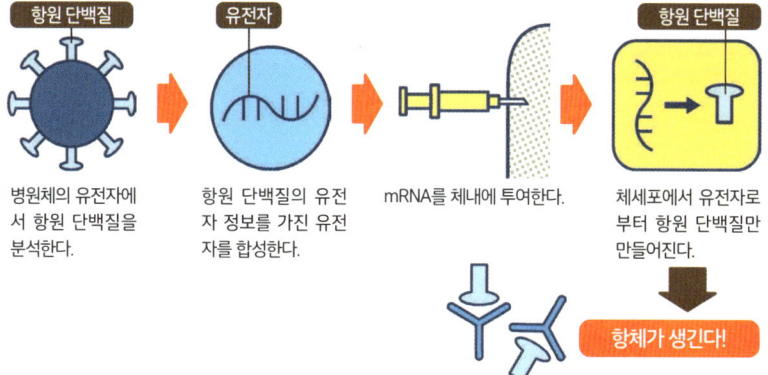

흥미로운 인체 이야기 3

'불난 집의 괴력'이란? 평소에도 그런 힘을 발휘할 수 있을까?

집에 불이 났을 때, 평소에는 상상도 할 수 없을 만큼 큰 힘으로 무거운 물건을 들고 나오는 것을 **'불난 집의 괴력'**이라고 한다. 그런데 정말 그런 힘이 존재할까?

우리의 근육은 뇌에 의해 조절된다. 예를 들어 커피 컵을 들어 올릴 때는 팔의 모든 근육을 다 쓰지 않는다. 반대로 가구처럼 무거운 물건을 들어야 할 때는 뇌에서 많은 근육을 사용하라고 명령을 내리게 된다.

이때 '가구가 너무 무거워서 도저히 못 들겠다!'고 느끼는 한계는 **'심리적 한계'**다. 실제로는 이 순간에도 근력을 최대치까지 쓰고 있지는 않다. 근육을 한계까지 사용하면 조직이나 힘줄이 끊어지거나 뼈가 부러지는 등 몸이 손상되기 때문에, 뇌가 이러한 **'생리적 한계'**를 넘지 않도록 브레이크를 거는 것이다.

뇌의 억제가 해제되어 무의식적으로 생리적 한계에 가까운 힘이 발휘되는 현상을 '불난 집의 괴력'이라고 한다(아래 그림 참조). 일반적으로 '심리적 한계'는 최대 근력(생리적 한계)의 60~70% 수준에 머물지만, 불난 집의 괴력이 발휘될 경우 최대 근력의 90%에 달하는 것으로 여겨진다.

그렇다면 화재와 같은 위급한 상황이 아니더라도 '불난 집의 괴력'을 발휘할 수 있을까?

큰 소리를 지르거나 **자기 자신을 격려**하거나 혹은 **최면** 상태에 들어가는 등의 방법을 통해서도 뇌의 억제를 일부 해제할 수 있다. 실제로 큰 소리를 지르는 행위만으로도 근력이 약 12% 증가하고, 최면을 통해서는 27%까지 상승한 사례가 보고된 바 있다. 많은 선수가 경기 중에 큰 소리로 기합을 넣는 것도 이러한 효과를 이용한 것이다. 즉, **훈련을 통해 어느 정도까지는 뇌의 억제를 풀어내고, 평소보다 더 큰 힘을 이끌어내는 것이 가능**하다는 뜻이다.

단, 이는 생리적 한계에 가까운 수준으로 근력을 사용하는 것이기 때문에 부상의 위험이 크다. '불난 집의 괴력'은 말 그대로 위급한 순간을 위한 비상용 힘이다. 근육을 단련하려면 평소에 근력 운동을 하는 것이 바람직하다.

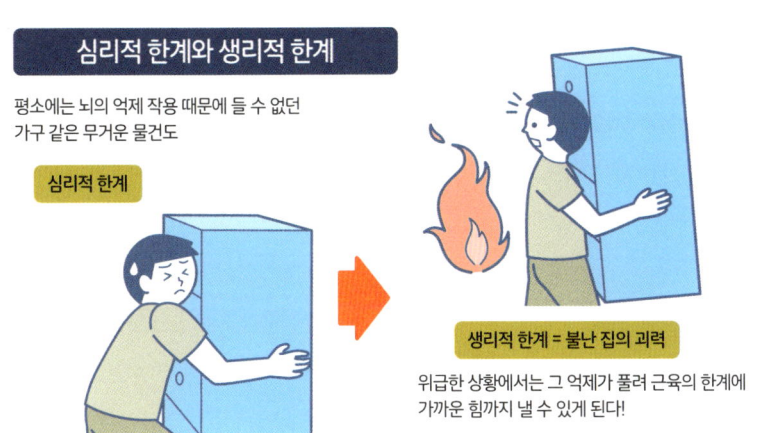

심리적 한계와 생리적 한계

평소에는 뇌의 억제 작용 때문에 들 수 없던 가구 같은 무거운 물건도

심리적 한계 → 생리적 한계 = 불난 집의 괴력

위급한 상황에서는 그 억제가 풀려 근육의 한계에 가까운 힘까지 낼 수 있게 된다!

21 살이 찌면 몸에 왜 나쁠까?
[기초]

과거에 비만은 **여러 가지 병을 일으키는 원인**. **수명을 10년 앞당긴다**는 연구도!

필요 이상으로 체중이 증가하는 것, 특히 지방세포 수가 늘어나고 지방이 과도하게 축적되는 상태를 '**비만**'이라고 한다. **비만의 주요 원인은 과식과 운동 부족이다.** 사람이 활동을 위해 사용하는 에너지의 단위는 '**칼로리**'이며, 우리 몸은 굶주림을 피하기 위해 섭취 열량이 소비 열량보다 많아지도록 식욕을 조절하는 경향이 있다.

음식을 너무 많이 먹거나 운동이 부족해 섭취한 칼로리가 소비 칼로리를 계속 초과하게 되면, 남은 칼로리는 지방 조직으로 전환되어 몸에 축적된다. 이렇게 체내에 쌓인 지방은 위치에 따라 구분되며, **내장 주변에 쌓이는 지방을 '내장지방', 피부 아래에 쌓이는 지방을 '피하지방'**이라고 한다.

내장지방이 늘어나면 '만성 염증'이라 불리는, 천천히 몸을 손상시키는 염증 반응이 일어나게 된다. 그 결과 혈당을 낮추는 호르몬인 인슐린의 작용이 저하되고, 지방세포에서는 해로운 호르몬이 분비된다. 이러한 변화는 고혈압, 고지혈증, 당뇨병과 같은 질환으로 이어진다.

또한 과도한 체중 증가는 **심폐 기능이나 뼈, 관절에 가해지는 부담을 증가시킨다. 요통, 무릎 통증, 골절 등이 발생하기 쉬워지는 등**, 비만은 사람에게 있어 '만병의 근원'이라고 할 수 있다. 비만은 수명에도 영향을 미치며, **중등도 비만인 사람은 수명이 약 10년 줄어든다**는 조사 결과도 있다. 비만은 체질량지수(BMI)를 기준으로 판정되며, 일반적으로 BMI가 25 이상인 경우를 비만으로 분류한다.

일반적으로 BMI가 25 이상이면 비만으로 분류된다

▶ 비만이란?

섭취 칼로리가 소비 칼로리를 초과하면 체내에 지방이 쌓여 살이 찐다.

소비 칼로리 < 섭취 칼로리 ➡ 살이 찐다!

하루에 필요한 칼로리는?

하루에 필요한 에너지는 '기초대사량 × 신체 활동 수준'으로 계산할 수 있다. 이보다 많이 섭취하면 살이 찔 위험이 있다.

30~49세 남성의 경우: 2,700kcal

30~49세 여성의 경우: 2,050kcal

※ 신장이나 체중에 따라 달라질 수 있기 때문에, 어디까지나 기준일 뿐이다.

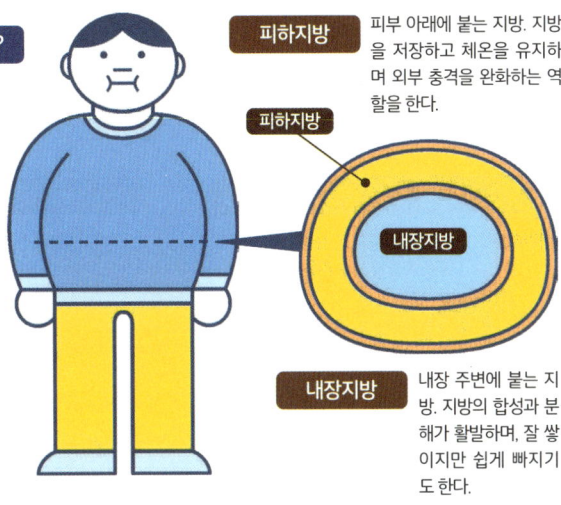

어떤 상태가 비만일까?

지방은 피부 아래나 내장 주변에 붙는다. 일반적으로 BMI가 25 이상이면 비만으로 분류한다.

피하지방: 피부 아래에 붙는 지방. 지방을 저장하고 체온을 유지하며 외부 충격을 완화하는 역할을 한다.

내장지방: 내장 주변에 붙는 지방. 지방의 합성과 분해가 활발하며, 잘 쌓이지만 쉽게 빠지기도 한다.

BMI란?

비만도를 나타내는 지표. 계산 방법은 전 세계 공통이며, 세계보건기구의 기준에서는 30 이상, 한국에서는 25 이상을 비만으로 본다.

$$BMI\ (kg/m^2) = \frac{체중(kg)}{신장(m) \times 신장(m)}$$

※ 1일 필요 칼로리는 후생노동성 '일본인의 식사 섭취 기준'을 바탕으로 작성되었으며, 신체 활동 수준은 '보통(일상생활은 주로 앉아서 하는 일 위주이며, 직장에서의 이동이나 통근, 장보기 정도의 활동)'을 기준으로 계산했다.

22 성장은 도중에 왜 멈출까?
[뼈]

그렇구나! 사춘기를 지나면 **골단선이 닫혀 더 이상 뼈가 자라지 않기 때문!**

막 태어난 아기의 신장은 약 50cm이다. 왜 사람은 그 이후로 쑥쑥 자라다가 중간에 성장이 멈추는 걸까?

우선, 사람의 성장 구조를 살펴보자. 사람은 일정한 속도로 자라는 게 아니라, **성장 시기가 세 단계로 나뉜다.** 사춘기에 들어서면 성호르몬과 성장호르몬의 작용으로 키가 급격히 자라다가, 성장의 절정기를 지나면 속도가 점점 느려지다 결국 성장이 멈춘다(그림 1).

성장이 일어나는 것은 뼈가 자라기 때문이다. 성장기에는 팔이나 다리 등 긴 뼈의 양쪽 끝에 **골단선**(성장 연골이라 불리는 특별한 연골 부위)이 존재한다. 이 연골이 자라고 뼈로 바뀌면서 뼈가 길어지고, 그에 따라 키도 자라게 된다.

사춘기에는 성장호르몬이 많이 분비되어 골단선의 세포 활동이 활발해지고, 뼈는 급격히 자라게 된다. 그러나 사춘기를 지나면 성장 연골이 사라지고 **골단선도 없어지면서 뼈는 더 이상 자라지 않게 된다.** 이로써 신장의 성장은 멈추게 된다(그림 2).

반대로 성인이 되면 키가 줄어들기도 한다. 그 원인은 여러 가지가 있으나, 척추를 구성하는 **'추간판'이 나이가 들면서 얇아지는 것이 신장이 줄어드는 주요 원인 중 하나**로 꼽힌다.

사람의 성장 시기는 세 단계로 나뉜다

▶ 성장 곡선이란? (그림 1)

사람의 성장은 유아기에 급격히 이루어지며(출생 시 약 50cm → 1세에 약 75cm), 이어 사춘기에는 신장이 급격히 증가한다(성장 속도의 정점은 남자는 연간 약 10cm, 여자는 약 8cm). 사춘기가 끝나면 신장의 성장은 멈추게 된다.

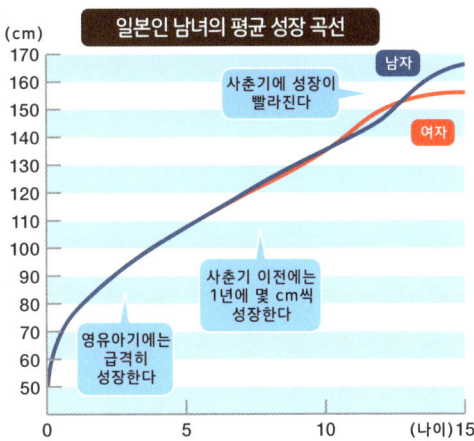

일본인 남녀의 평균 성장 곡선
- 남자
- 여자
- 사춘기에 성장이 빨라진다
- 사춘기 이전에는 1년에 몇 cm씩 성장한다
- 영유아기에는 급격히 성장한다

▶ 골단선이란? (그림 2)

어린이의 뼈 양쪽 끝에는 골단선이라 불리는 성장 연골이 존재하며, 이 골단선이 자라면서 뼈도 함께 성장한다. 그러나 골단선이 사라지면 뼈의 성장은 멈추게 된다.

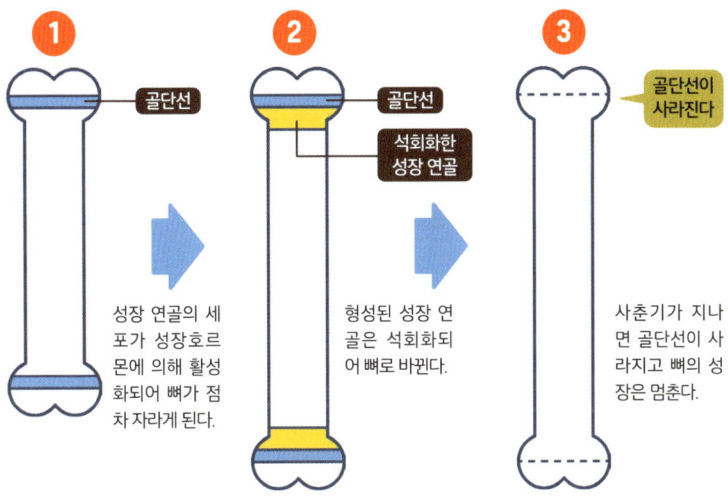

1. 골단선 — 성장 연골의 세포가 성장호르몬에 의해 활성화되어 뼈가 점차 자라게 된다.
2. 골단선 / 석회화한 성장 연골 — 형성된 성장 연골은 석회화되어 뼈로 바뀐다.
3. 골단선이 사라진다 — 사춘기가 지나면 골단선이 사라지고 뼈의 성장은 멈춘다.

※ 그래프는 '어린이의 저신장을 생각하는 성장상담실(https://ghw.pfizer.co.jp/smartp/grow/about.html)'을 기반으로 구성되었다.

23 [뇌] 담배는 왜 끊을 수 없을까?

담배로 인한 '쾌감 자극'에서 뇌가 벗어날 수 없기 때문!

담배를 너무 피우고 싶다, 매일 술을 마시는 습관을 끊을 수 없다……. 이러한 행동을 왜 자신의 의지만으로는 끊기 어려운 걸까?

어떤 행동을 그만두고 싶어도 멈출 수 없고, 적당한 수준에서 조절하지 못하게 되는 상태를 '**의존성**'이라고 한다. 흡연을 예로 들어 의존성의 메커니즘을 살펴보자.

담배를 피우면 허파에서 흡수된 니코틴이 곧바로 뇌에 도달하고, 뇌에서는 도파민이 다량으로 분비된다. 도파민은 쾌락과 관련된 신경전달물질로 대량 분비되면 강한 쾌감을 느끼게 된다. 이때 '**흡연은 쾌감**'이라고 뇌가 인식하면**, 쾌감이라는 보상을 얻기 위한 회로가 뇌 속에 형성된다.**

흡연을 계속하면 도파민 분비가 니코틴에 의존하게 된다. 이러한 상태에서 흡연을 줄이거나 중단하면, 이른바 '**이탈 증상(금단 증상)**'이라 불리는 현상이 나타나 다양한 불쾌한 증상이 발생한다. 다시 흡연을 시작하면 그 불쾌감이 사라지기 때문에, 점점 흡연을 끊기 어려워진다. 이것이 바로 의존성의 사이클이다(오른쪽 그림).

의존성은 뇌와 몸이 '쾌감 자극을 끊지 못하는' 악순환에 빠진 상태라고 할 수 있다. 신체에 굳어진 악순환이 생기면 회복은 더욱 어려워진다. 그러므로 의존성에는 주의가 필요하다.

뇌 속에 쾌락을 갈구하는 회로가 생긴다

▶ 니코틴 의존성의 메커니즘

담배를 계속 피우면, 담배에 들어 있는 니코틴이 뇌에 작용하여 '니코틴 의존성'이라는 질환으로 이어지게 된다.

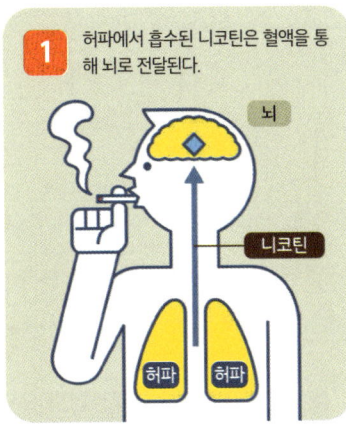

1 허파에서 흡수된 니코틴은 혈액을 통해 뇌로 전달된다.

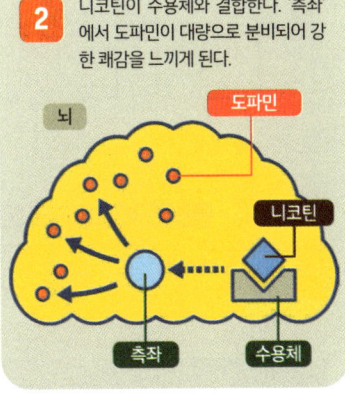

2 니코틴이 수용체와 결합한다. '측좌'에서 도파민이 대량으로 분비되어 강한 쾌감을 느끼게 된다.

3 뇌 속에 니코틴에 의존하는 회로가 형성되면서 흡연이 습관이 된다. 점차 내성이 생겨 쾌감을 느끼기 어려워지고, 피우는 양도 늘어나게 된다.

4 흡연이 습관화된 상태에서 이를 중단하면 이탈 증상(금단 증상)이 나타난다. 그 불쾌감을 해소하기 위해 다시 흡연에 의존하게 된다.

금단 증상
담배를 피우고 싶다
짜증이 가라앉지 않는다
집중할 수 없다
두통 등

24 iPS 세포는 무엇이 대단할까?
[신기술]

몸의 어떤 세포로도 분화할 수 있는 **만능 세포**. **재생의료**나 **약물 개발**에의 활용이 기대된다!

iPS 세포의 발견은 의학 연구자인 야마나카 신야 교수가 2012년 노벨 생리학·의학상을 수상하는 계기가 되었다. 과연 그는 무엇을 발견했을까?

iPS 세포란 일단 분화한 세포를 되돌려 몸의 어떤 세포로도 될 수 있는 만능 세포를 만드는 기술이다(그림 1). **재생의료뿐만 아니라 iPS 세포를 활용한 신약 개발이나 질환의 원인 규명을 위한 연구에도 폭넓게 활용**될 것으로 기대되고 있다(그림 2).

재생의료란 몸의 기관이나 조직을 재생하는 의료 기술을 말한다. 환자의 세포에서 iPS 세포를 만들어 피부나 신경세포 등 다양한 조직의 세포로 분화시켜 이식하는 재생의료를 목표로 삼고 있다. 현재는 iPS 세포를 완전히 만드는 방법이나 안전성 확인 등의 연구가 아직 진행 중인 단계이다.

비록 연구 단계지만, **iPS 세포를 활용한 치료가 시작되고 있다**. 예를 들어 황반변성을 앓는 환자에게 안전성을 확인한 후, iPS 세포에서 유래한 망막 세포가 이식되었다.

신약의 연구와 개발도 진행되고 있다. 최근에는 iPS 세포를 활용한 근위축성 측삭경화증(ALS)이나 가족성 알츠하이머병에 대한 치료제 개발 연구 등에도 응용되고 있다.

사람의 체세포로 만들어진 만능 세포

▶ iPS 세포란 (그림 1)

'인공 다능성 줄기세포'라고도 한다. 몸의 어떤 세포로도 분화할 수 있는 만능 세포이다.

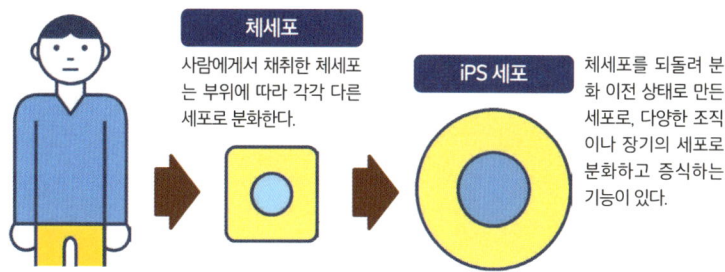

체세포: 사람에게서 채취한 체세포는 부위에 따라 각각 다른 세포로 분화한다.

iPS 세포: 체세포를 되돌려 분화 이전 상태로 만든 세포로, 다양한 조직이나 장기의 세포로 분화하고 증식하는 기능이 있다.

▶ iPS 세포의 주요 활용 (그림 2)

재생의료나 신약 개발 등에서의 활용이 기대된다.

재생의료

자신의 체세포로부터 만든 iPS 세포를 활용해 세포나 장기를 만들어내면, 거부 반응 없이 이식할 수 있으므로 손상된 신체의 세포나 기관을 재생할 수 있다.

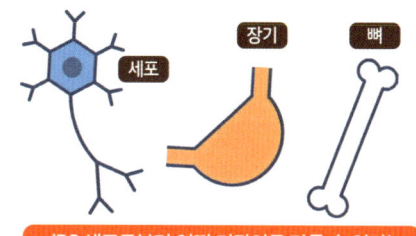

iPS 세포로부터 어떤 기관이든 만들 수 있다!

신약 개발

질병을 가진 사람의 iPS 세포로부터 다양한 세포를 만들어내 치료법의 후보가 될 만한 약물을 검토하는 실마리로 삼을 수 있다.

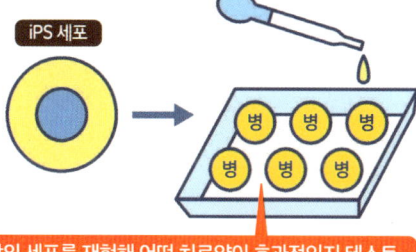

병에 걸린 사람의 세포를 재현해 어떤 치료약이 효과적인지 테스트

25 천재란 어떤 사람일까?

[뇌]

그렇구나! 천재는 **비범한 능력**을 지닌 사람. **서번트 증후군**도 그중 한 예!

비범한 능력이나 재능을 지닌 사람을 '**천재**'라고 부르지만, 그 정의는 아직 명확히 정해져 있지 않으며, 이에 대한 다양한 연구가 진행되어왔다.

지능지수(IQ)가 높은 사람을 천재라고 부르기도 한다. 예를 들어, 일본 인구의 2% 밖에 되지 않는 IQ 130 이상의 사람을 '기프티드(Gifted)'라고 부르며, 천재를 '**우수한 지적 능력을 가진 사람**'으로 보는 관점이 있다. 한편으로는 창의성이나 작업 능력 등을 바탕으로, **세상에 없는 가치를 창출해내는 능력 또한 천재로 여겨진다**. 지능지수가 높지 않더라도 뛰어난 예술 작품을 만들어내는 등, 바라보는 시각에 따라 천재의 정의는 달라질 수 있다.

사람은 독립적인 여러 가지 지능을 지닌다는 **다중지능이론**의 관점에서 보면, 이러한 다양한 지능 중 특정 분야에서 비범하게 뛰어난 재능을 지닌 사람을 천재라고 설명할 수 있다(그림 1).

뇌의 일부 영역이 제대로 작동하지 않는 것이 오히려 특정 부위의 발달로 이어져 비범한 능력으로 나타나는 경우가 있다. 정신적·지적 장애로 분류되면서도, 동시에 천재적인 능력을 발휘하는 이들을 '**서번트 증후군**'이라 부른다. 이들은 수십 자리의 암산을 순식간에 해내거나 잠깐 본 사진을 정확하게 그림으로 재현하는 등, 수학·미술·음악·기억력 등의 분야에서 천재적인 재능을 보인다. **서번트 증후군은 뇌의 특정 부위 기능이 비약적으로 발달**한 것으로 여겨진다(그림 2).

관점에 따라 천재의 정의는 달라진다

▶ 다중지능이론이란? (그림 1)

'지능은 단일하지 않으며 사람은 복수의 지능을 가지고 있다'고 한다.

언어적 지능	논리-수학적 지능	음악적 지능	신체-운동적 지능
작가 등과 같이 언어를 배우고 활용하는 데 뛰어난 능력.	과학자 등 문제를 논리적, 수학적, 과학적으로 탐구하는 능력.	음악가 등 소리를 식별하고 음악을 연주하거나 작곡, 감상하는 능력.	배우나 운동선수 등 창조나 문제 해결에 몸을 사용하는 능력.

공간적 능력	대인적 능력	내성적 지능	박물적 지식
파일럿이나 건축가 등 공간의 패턴을 인식하는 능력.	교사 등 타인의 욕구를 이해하고 타인과 원만한 관계를 맺는 능력.	성직자 등 자신을 이해하고 성찰하는 능력.	박물학자 등 주변의 사물이나 현상을 인식하고 분류하는 능력.

▶ 서번트 증후군이란? (그림 2)

정신적·지적 장애가 있지만, 특정 분야에서 뛰어난 재능을 발휘하는 사람.

한 번도 연습해본 적 없는 피아노 협주곡을 텔레비전에서 처음 듣고 그대로 완벽하게 연주했다.

방대한 양의 책을 단 한 번 읽었을 뿐인데, 그 내용을 모두 기억하고 거꾸로 읊었다.

항공사진을 단 한 번 본 것만으로 세부에 이르기까지 정확히 그림으로 재현해냈다.

타인의 생일이 무슨 요일이었는지는 물론, 그 사람이 65세가 되는 해의 생일 요일까지도 정확히 맞혔다.

흥미로운 인체 이야기 4

사람의 뇌를 디지털화한다고? 뇌의 인공화가 가능할까?

뇌는 인공적으로 만들어낼 수 있을까?

현재 뇌를 제외한 대부분의 장기는 인공적으로 만든 대체 장기, 즉 인공장기가 존재하며 이에 대한 연구도 활발히 진행되고 있다. 하지만 인공장기는 단순한 구조로 의료 목적에 제한적으로만 사용될 수 있을 뿐이다. 복잡한 구조와 정교한 기능을 지닌 '뇌'는 아직까지 인공적으로 만들기 어려운, 말 그대로 꿈 같은 이야기다.

그렇다 하더라도, 어떤 세포로도 분화할 수 있는 iPS 세포(➡P66) 등을 활용하면 **이론적으로는 뇌를 만드는 것도 가능**하다고 여겨진다. 실제로 iPS 세포로부터 콩알 크기의 인공 뇌인 **'뇌 오르가노이드'**를 만들어내고, 이를 뇌 질환 치료에 응용하려는 연구가 진행되고 있다.

또한 컴퓨터의 진화로 인해 **인간의 뇌 자체를 디지털화하는 가능성을 검토**하는 연구자들도 등장하고 있다. 과연 뇌를 기계와 같은 인공물로 대체하는 것이 가능할까?

　인간의 뇌에는 신경세포와 글리아세포(신경세포 이외의 뇌세포)가 존재하며, 무수한 시냅스를 형성하면서 매일 변화하고 있다. **현재의 기술로는 이처럼 복잡한 뇌를 복제하거나 컴퓨터 등에서 완전히 재현하는 것은 불가능하다.** 더욱이 설령 완전히 동일한 구조의 뇌를 만들 수 있다 하더라도, 문제가 되는 것은 바로 '의식'이다. **우리의 의식이 어떻게 발생하는지에 대한 메커니즘은 아직 밝혀지지 않았다.** 자신과 똑같은 뇌를 만든다 하더라도, 그 의식이 과연 본인 것인지는 알 수 없다.

　다만 이러한 사고방식도 존재한다. 오스트레일리아의 철학자 차머스는 **'페이딩 퀄리아'**라는 사고실험을 제시했다(아래 그림 참조). 그는 의식이 있는 뇌의 신경세포를 하나씩 서서히 실리콘제 인공 신경세포로 치환해나가면 어떤 일이 벌어질지를 상정했다. 이때 뇌는 치환 사실을 인식하지 못하고, 인간의 퀄리아(감각적 의식 체험)는 그대로 유지된다고 그는 주장한다. '인간의 의식은 어디에 존재하는가'라는 물음은 철학의 심연을 들여다보는 문제라 할 수 있다.

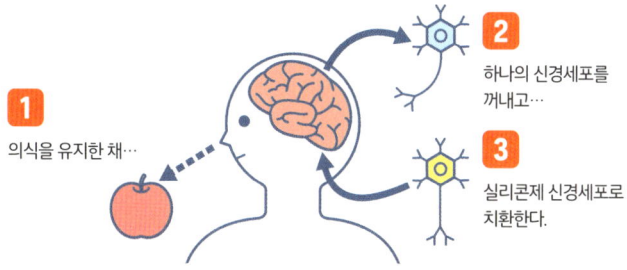

차머스의 사고실험

뇌의 신경세포를 하나씩 인공 신경세포로 치환해나갈 때, 의식은 변화할 것인가? 이 질문이 바로 차머스가 제시한 사고실험이다. 차머스는 이에 대해 '의식은 유지된다'고 주장했다.

1　의식을 유지한 채…
2　하나의 신경세포를 꺼내고…
3　실리콘제 신경세포로 치환한다.

서서히 2~3회에 걸쳐 치환을 진행한다면, 동일한 의식을 유지한 채 인공 뇌로 완전히 바꾸는 일이 가능할지도 모른다.

의학 위인 1

의학계의 의식을 변혁한 '근대 해부학의 아버지'
안드레아스 베살리우스
(1514-1564)

베살리우스는 『파브리카』라는 인체의 구조를 보여준 해부학서를 출판한 브뤼셀 출신의 해부학자다. 600쪽이 넘는 이 해부학서는 약 300점에 달하는 정밀한 목판화로 구성되어 있으며, 1543년에 출판된 당시로서는 유례없는 책이었다. 이러한 업적으로 인해 그는 '근대 해부학의 아버지'로 불리기도 한다.

궁정 약제관으로 일하던 아버지 밑에서 태어난 베살리우스는 자연스럽게 의학에 흥미를 가지게 되었다. 당시 대학의 의학부에서는 2세기 의학자 갈레노스의 이론을 바탕으로 인체의 구조를 가르치고 있었다. 인체 해부를 시행할 때 실제 해부 결과가 갈레노스의 교과서와 다르더라도, 당시에는 교과서 쪽이 더 정확하다고 여기는 분위기였다.

베살리우스는 이처럼 당시 수업 방식에 실망하여 묘지에서 유골을 관찰하는 등, 몸의 실제 구조를 스스로 밝혀나갔다. 22세에 그는 파도바대학에서 해부학 교수직을 맡게 되었다. 그의 수업에서는 직접 사람이나 동물을 해부하며, 학생들을 해부대 주변에 둘러 세워 실습을 통해 학습하게 했다. 베살리우스가 그린 해부도는 워낙 정확하여 모작이 유통될 정도로 큰 호평을 받았다.

이 연구의 집대성이 바로 『파브리카』이다. 인체를 면밀히 관찰하고, 그 관찰 결과를 정확하게 기술하는 연구 방식은 기존의 권위보다 진실을 중시하는 태도를 보여주었으며, 의학계를 극적으로 변화시키는 계기가 되었다.

※ '파브리카'는 라틴어 『De humani corporis fabrica libri septem(인체의 구조)』의 약칭.

제 2 장
그렇구나!
인체의 구조

먹은 음식은 어떻게 소화될까? 지방은 왜 필요할까?
이렇게 가장 가까운 '나'에 관한 일인데도
우리는 인체에 대해 모르는 것이 참 많다.
이 장에서는 그런 인체의 구조를 하나하나 풀어가보자.

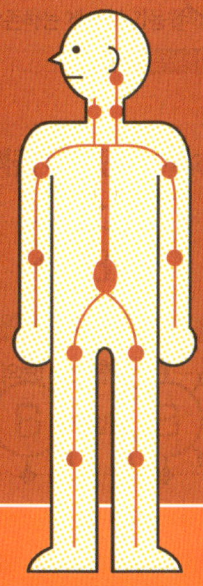

26 [뼈] 사람에게 뼈는 왜 있을까?

그렇구나! 몸을 지탱하고, 보호하며, 움직일 수 있게 해줄 뿐 아니라, 혈액을 만드는 역할도 한다!

'뼈'는 몸속에서 어떤 역할을 하고 있을까? 사실, 뼈는 단순히 사람의 형태를 이루는 것뿐 아니라 매우 다양한 역할을 담당하고 있다(오른쪽 그림).

첫 번째는 **몸을 지탱하는 역할**이다. 앞뒤로 완만한 곡선을 그리는 척추는 걷는 동안 충격을 흡수하고, 직립한 몸을 안정적으로 지지해준다. 또한 아치 형태를 이룬 발의 뼈 역시 몸의 중심을 지탱하는 데 중요한 구조다.

두 번째는 **중요한 부위를 보호하는 역할**이다. 머리뼈는 평평한 뼈들이 돔 형태로 이어져 헬멧처럼 뇌를 감싸 보호하고 있다. 갈비뼈는 호흡을 담당하는 심장과 허파를 외부의 충격으로부터 지킨다.

세 번째는 **뼈대근육과 관절을 활용해 몸을 움직이는 역할**이다. 뇌에서 전달된 명령에 따라 뼈대근육이 수축과 이완을 반복함으로써, 우리는 몸을 움직일 수 있다.

네 번째는 **혈액을 만드는 역할**이다. 뼈의 중심에 있는 골수에는 조혈줄기세포가 존재하며, 이 세포들은 적혈구, 백혈구, 혈소판 등으로 분화해 성장한다.

다섯 번째는 **칼슘과 인을 저장 및 공급하는 역할**이다. 뼈의 주성분은 인산칼슘이며, 혈액 속 칼슘과 인의 농도는 일정하게 유지된다. 이들 무기질은 흡수되면 뼈에 저장되고, 몸에 부족해질 경우 다시 혈액 속으로 공급된다.

덧붙여, 뼈의 수는 어린이 시기에는 약 300개 정도이지만, 성장하면서 몇몇 뼈들이 서로 붙어 성인이 되면 약 200개 정도로 줄어든다.

몸속 뼈의 개수는 약 200개

▶ 뼈의 다양한 역할이란?

뼈에는 중요한 기관을 보호하고, 몸을 지탱하고 움직이게 하며, 혈액을 만들어내는 등 여러 가지 중요한 역할이 있다.

머리뼈 — 헬멧 같은 역할을 하며 중요한 뇌를 보호한다.

척추 — 완만한 S자 곡선은 머리 부위를 중심에서 지지하고 충격을 완화한다.

갈비뼈 — 인체에 중요한 심장과 허파를 보호한다.

골반 — 골반은 큰창자나 작은창자 등을 그릇처럼 지지하고 있다.

몸을 움직인다

뼈에 붙어 있는 근육이 함께 작용하여 관절을 굽히고 그 움직임을 통해 몸을 움직일 수 있다.

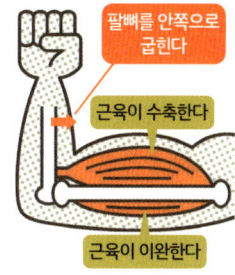

팔뼈를 안쪽으로 굽힌다
근육이 수축한다
근육이 이완한다

칼슘을 저장·공급한다

혈액 속의 칼슘 농도를 일정하게 유지하기 위해 뼈에 칼슘을 저장하고, 부족해지면 공급한다.

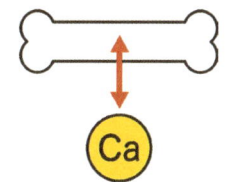

혈액을 만든다

뼛속에 있는 골수에서 혈액 성분이 만들어진다.

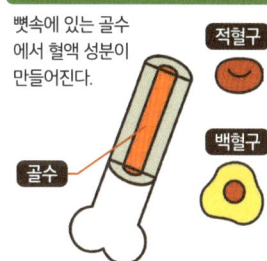

적혈구
백혈구
골수

27 뼈는 무엇으로 만들어질까?
[뼈]

그렇구나! 뼈세포와 **칼슘** 등의 물질로 끊임없이 만들어지며, **약 5년**에 한 번 거의 완전히 교체된다!

뼈는 어떻게 만들어질까?

　뼈는 살아 있는 세포 사이에 인산칼슘이 침착되면서(석회화) 형성된다(그림 1). 단단하고 변하지 않는 것처럼 보이는 뼈도 다른 조직과 마찬가지로 영양 상태 등에 따라 형성되고 흡수되며 날마다 변화를 거듭한다. 살아 있는 산호가 바닷속에서 자라는 모습과 비슷하다고 할 수 있다.

　뼈는 혈액 속 칼슘이 부족할 때 칼슘을 공급한다. 혈중 칼슘 농도가 감소하면 부갑상샘호르몬의 작용으로 뼈파괴세포가 활성화된다. 이 세포는 뼈를 산이나 효소로 녹여 칼슘을 혈액 속으로 방출한다(뼈흡수). 이는 우리 몸이 근육 수축이나 신경 전달과 같은 생리 작용을 위해 항상 일정한 양의 칼슘을 필요로 하기 때문이다.

　혈중 칼슘 농도가 충분해지면, 갑상샘에서 뼈파괴세포의 작용을 억제하는 물질이 분비된다. 그러면 이번에는 뼈형성세포가 혈중의 칼슘을 이용하여 뼈를 형성하게 된다(그림 2).

　이처럼 우리 몸에서는 뼈의 흡수와 형성이 끊임없이 반복된다. **젊은 사람의 경우 하나의 뼈에서 수개월 동안 이러한 과정이 일어나며, 약 3~5년에 걸쳐 전신의 뼈가 거의 모두 교체된다.** 근육을 단련하면 그 근육이 붙어 있는 뼈에 부하가 가해져 뼈가 성장하고 두꺼워진다. 반대로, 뼈의 흡수 속도가 형성 속도를 웃돌면 뼈는 점점 가늘어지게 된다.

뼈는 칼슘의 저장고다

▶ 뼈의 구조 (그림1)

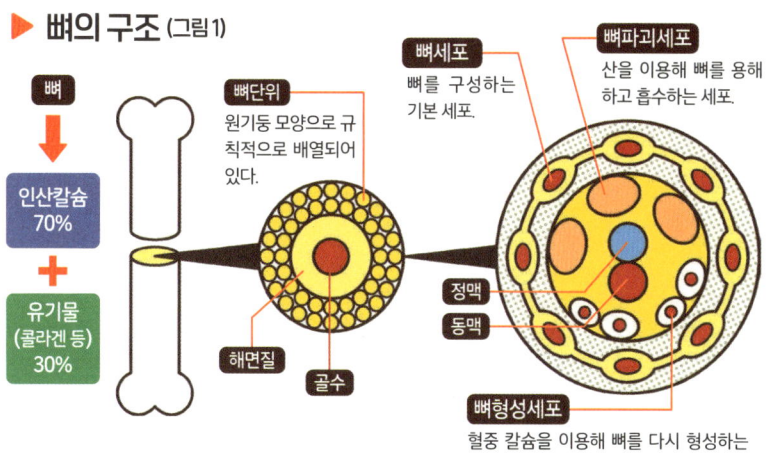

▶ 뼈의 흡수와 형성 (그림2)

뼈는 흡수와 형성을 반복하며 혈중 칼슘 농도를 조절하고, 오래된 뼈를 새로운 뼈로 교체해간다.

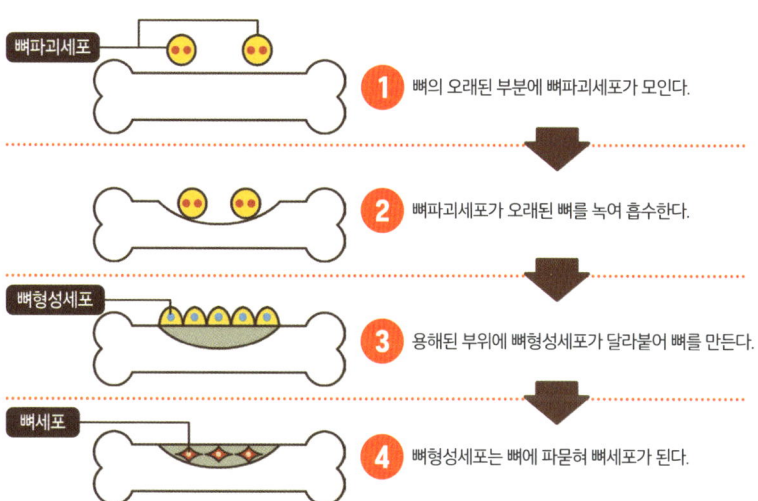

28 근육이란 뭘까? 어떤 역할을 할까?
[근육]

그렇구나! 근육은 **근육세포**의 집합.
몸을 움직일 뿐만 아니라 **체온도 조절**한다!

근육은 몸의 각 부분을 움직이는 조직이며 세 종류로 나뉜다(오른쪽 그림).

첫 번째는 **팔다리 등을 움직이는 '뼈대근육'**, 두 번째는 **소화기관이나 혈관 등에 존재하는 '민무늬근육'**, 세 번째는 **심장을 박동시키는 '심장근육'**이다. 이러한 근육들은 모두 근육세포가 모여 이루어진다.

뼈대근육은 뼈에 붙어 몸을 움직이는 역할을 하지만, 그것만이 전부는 아니다. 몸의 균형을 바로잡고, 항상 안정된 자세를 유지하도록 하며, 외부의 충격으로부터 혈관이나 내장을 보호하는 역할도 한다.

민무늬근육은 소화기관이나 혈관의 벽에 있으며, 수축과 이완을 통해 혈액이나 체내 물질을 이동시킨다. 심장근육은 심장을 이루는 근육으로, 수축과 이완을 반복하며 혈액을 펌프처럼 온몸으로 내보내는 역할을 한다.

근육은 수축과 이완을 반복하면서 열을 생성한다. 사람의 체온은 항상 36~37℃로 유지되는데, 이 중 약 60%의 열이 근육에서 만들어진다. 또한 근육의 주요 에너지원은 당과 지질이다. 몸을 단련하여 근육량을 늘려두면, 그것만으로도 당과 지질의 소비가 많아져 생활습관병 예방에도 도움이 된다.

게다가 **근육은 수분도 저장한다.** 체중 60kg인 성인의 경우, 약 15~20kg의 수분이 근육에 저장되는 것으로 알려져 있다. 즉, 근육은 수분 저장 탱크의 역할도 하는 셈이다.

근육은 수축과 이완으로 열을 생산한다

▶ 근육 세 종류의 역할

근육은 몸의 각 부분을 움직이는 조직이며 세 종류로 나뉜다.

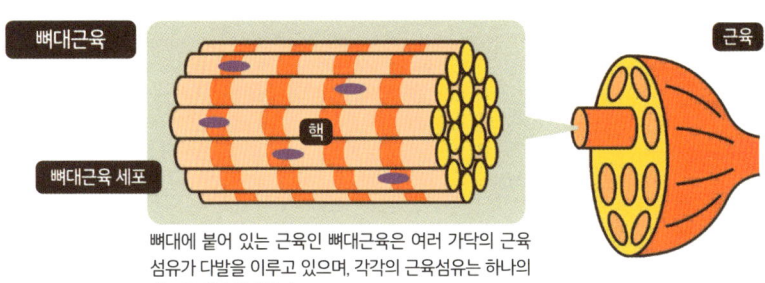

뼈대에 붙어 있는 근육인 뼈대근육은 여러 가닥의 근육섬유가 다발을 이루고 있으며, 각각의 근육섬유는 하나의 세포로 이루어져 있다.

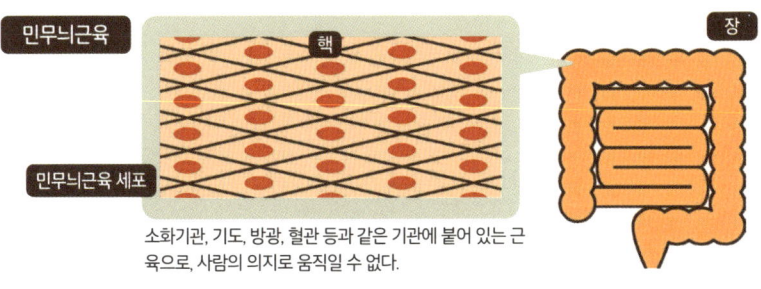

소화기관, 기도, 방광, 혈관 등과 같은 기관에 붙어 있는 근육으로, 사람의 의지로 움직일 수 없다.

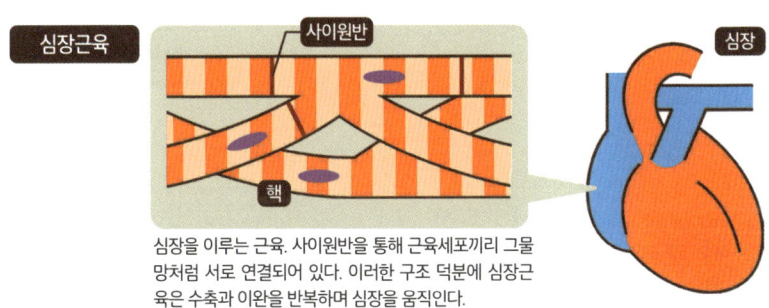

심장을 이루는 근육. 사이원반을 통해 근육세포끼리 그물망처럼 서로 연결되어 있다. 이러한 구조 덕분에 심장근육은 수축과 이완을 반복하며 심장을 움직인다.

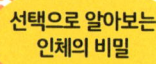

사람은 몇 kg까지 들 수 있을까?

체중의 2배 정도 or **500kg 정도** or **1,000kg 정도**

일본 신화에는 태양신 아마테라스가 '아마노이와토'라는 바위굴의 문을 열고 들어가 몸을 숨기는 바람에 태양이 모습을 감추었다는 이야기가 있다. 이처럼 세계 각지에는 거대한 바위를 들어 올리는 등 괴력을 발휘하는 인물들의 전설이 전해진다. 그렇다면 실제로 사람은 어느 정도 무게까지 들어 올릴 수 있을까?

두 장수가 직경 3m가 넘는 거대한 바위를 공깃돌처럼 서로 던지고 받으며 힘을 길렀다는 우리나라의 '공기바위 전설'처럼, 세계 각지에는 믿기 어려운 힘을 다룬 이야기가 전해진다. **현재 파워리프팅 종목 중 데드리프트※의 세계 기록은 505kg.** 그렇다면 실제로 사람이 들어 올릴 수 있는 무게는 어느 정도일까?

※ 데드리프트는 바닥에 놓인 바벨을 무릎과 허리를 곧게 펴 완전히 선 자세까지 끌어 올리는 종목이다.

근육은 근력 운동이나 스테로이드를 통해 단련할 수 있다. 하지만 근육량이 늘어나면, 근육에서 분비되는 호르몬(마이오카인)의 하나인 **미오스타틴**이 함께 증가한다(아래 그림). 미오스타틴은 근육의 과도한 증식을 억제하는 역할을 하기 때문에, 일정 이상으로 근육량을 늘리는 데에는 한계가 있다.

가령 미오스타틴이 분비되지 않는다면, 근육은 계속해서 커진다. 실제로 선천적으로 미오스타틴이 체내에 존재하지 않는 소도 있으며, 이들은 일반 소보다 두 배에 가까운 근육량을 지니고 있다. 하지만 지나치게 많은 근육은 에너지 소비량을 증가시켜 체중이 무거워지고, 결과적으로 생존에 불리해진다. 또 **물건을 들어 올리는 운동에는 뇌와 근육의 협력이 필요하다.** 이때 뇌에서 근육으로 신호를 전달하는 운동 신경 섬유의 수는 늘릴 수 없기 때문에 이 부분에서 근력 증가의 한계가 생긴다.

현재 웨이트리프팅 기록은 인간이 낼 수 있는 힘의 한계에 근접해 있다고 한다. 사람이 들어 올릴 수 있는 무게의 한계는 대체로 500kg 전후로 여겨지며, 이를 넘는 무게를 들어 올릴 경우 순간적으로 관절에 무리가 가거나 힘줄이 끊어지는 등의 위험이 따른다.

즉 데드리프트의 세계 기록을 기준으로 보면, 사람이 들어 올릴 수 있는 무게는 약 500kg 정도라고 할 수 있다.

근육에서 나오는 호르몬
근육 호르몬은 20종류 이상 있다고 알려져 있지만, 아직 밝혀지지 않은 부분이 많다.

IL-6
운동하면 나오는 호르몬으로 면역과 관계가 있다고 여겨진다.

미오스타틴
근육이 필요 이상으로 증가하지 않도록 억제하는 호르몬.

29 [혈관] 혈관은 무슨 역할을 할까?

산소와 포도당을 온몸에 운반하고, **이산화탄소**를 흡수한다!

혈액은 왜 온몸을 순환할까?

혈액의 중요한 역할 중 하나는 **산소를 옮기는 일**이다. 산소는 공기 중에서 허파를 통해 흡수된다. 또한 혈액은 **영양소인 포도당도 함께 운반한다.** 산소와 포도당은 서로 결합해, 세포 안에서 에너지를 만드는 데 쓰인다.

이때 이산화탄소와 물이 발생하고, 혈액에 의해 몸 밖으로 운반된다. 운반된 이산화탄소는 허파에서 내쉬어진다. 이것 역시 혈액의 중요한 역할 중 하나다.

또 **혈액의 순환에는 '온몸순환'과 '허파순환'이 있다.** 심장에서 온몸을 돌고 다시 돌아오는 혈관의 흐름을 '온몸순환', 심장과 허파를 오가는 흐름을 '허파순환'이라고 한다(오른쪽 그림).

혈관에는 주로 산소를 온몸으로 운반하는 **'동맥'**과, 주로 이산화탄소를 온몸에서 흡수해 오는 **'정맥'**이 있다. 몸속 모든 혈관을 이어 붙이면, **한 사람의 혈관 길이만 해도 약 9만 km**에 달한다.

동맥 속 혈액은 선명한 붉은색을, 정맥 속 혈액은 거무스름한 색을 띤다. 이는 산소를 운반하는 적혈구 안의 헤모글로빈이 산소와 결합하면 산화헤모글로빈이 되어 선명한 빨간색으로 바뀌고, 각 조직에 산소를 내보낸 뒤에는 환원헤모글로빈이 되어 어두운 붉은색으로 변하기 때문이다.

동맥 속 혈액은 선명한 붉은색, 정맥 속 혈액은 거무스름한 색

▶ 온몸순환과 허파순환

온몸에 촘촘히 퍼져 있는 혈관은 산소를 전신에 운반하고 이산화탄소를 회수하는 역할을 한다.

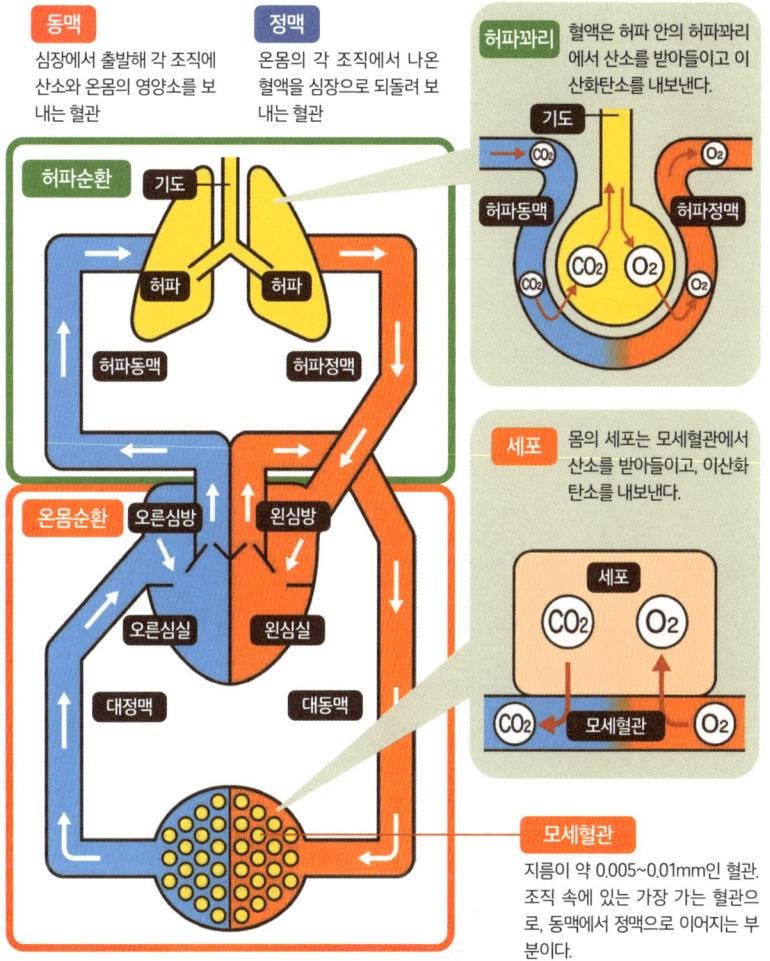

'적혈구' 등 혈액 속 세포의 구조는?

[혈액]

혈액은 '**적혈구**', '**백혈구**', '**혈소판**', '**혈장**'으로 이루어져 있으며, 각각 맡은 역할이 있다!

혈액은 적혈구, 백혈구, 혈소판 같은 혈구와 액체 성분인 혈장으로 이루어져 있다(오른쪽 그림).

적혈구는 지름이 약 0.008mm인, 가운데가 오목한 원반 모양의 세포로, 주로 **산소를 운반하는 역할을 한다.**

백혈구의 크기는 약 0.01~0.015mm이며, **몸에 침입한 이물질로부터 몸을 보호하는 역할을 한다.** 여러 종류가 있는데, 예를 들어 혈액 속에 있는 호중구라는 백혈구는 세균과 같은 외부 침입자를 감지하면 혈관 밖으로 나와 그것을 포식하고 물리친다.

혈소판은 지름이 약 0.002mm인 원반형 세포의 조각으로, **출혈을 멈추게 하는 역할을 한다.** 혈관이 손상되면 흘러나온 혈소판이 가장 먼저 상처 부위에 달라붙어 덮개 역할을 한다. 이후 피브린이라는 섬유 모양의 단백질이 만들어져, 혈구들을 감싸며 혈액을 굳게 해 상처 입구를 막는다.

이러한 세포들을 떠받치는 액체가 바로 혈장이다. **혈장은 누런빛을 띠는 액체로, 주성분은 물과 단백질**이며 혈액 전체의 약 55%를 차지한다. 사람의 혈액 양은 보통 체중의 약 13분의 1 정도인데, 예를 들어 체중이 60kg인 사람이라면 약 4.6L의 혈액을 가지고 있는 셈이다.

영양소나 산소를 운반해 유해물질로부터 보호한다

▶ 혈액의 주성분은 4가지

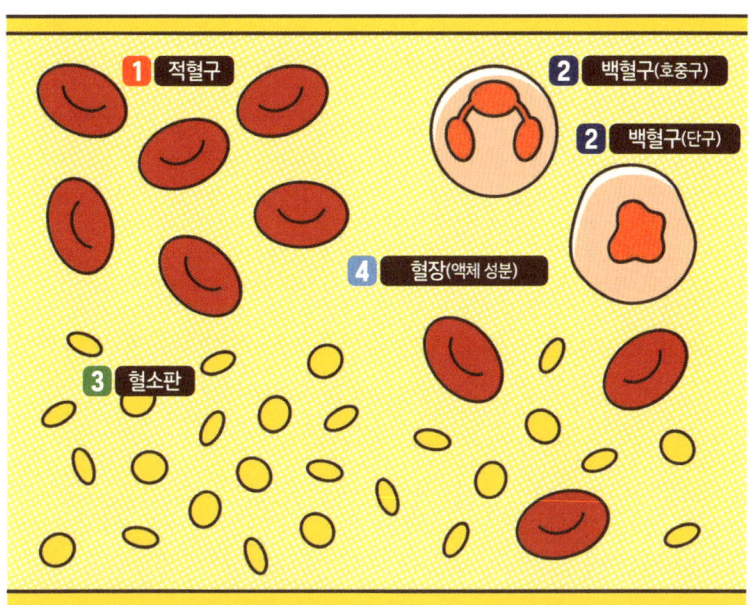

1 산소를 운반한다 — 적혈구
안에는 산소와 잘 결합하는 '헤모글로빈'이라는 붉은색 단백질이 들어 있다. 허파에서 산소를 받아 심장을 통해 온몸으로 운반된다.
전체의 약 43%

2 몸을 보호한다 — 백혈구
몸을 보호하기 위해 온몸을 돌며 활동하는 면역세포에는 호중구, 단구 등 여러 종류가 있다. 외부 침입자가 나타나면, 이들 면역세포는 골수에서 활발하게 만들어진다.
전체의 약 1%

3 상처를 막는다 — 혈소판
혈관 벽이 손상되면 그 부위에 모여 상처를 막는다. 혈관 벽이 파괴되어 출혈이 일어나면, 혈소판은 피브린이라는 단백질을 만들어 혈구 등을 엉기게 하여 혈액을 굳히고 상처를 덮는다.
전체의 약 1%

4 액체 성분 — 혈장
혈장은 액체 성분으로, 약 90%가 물이며 나머지는 단백질, 포도당, 지질, 노폐물, 항체, 전해질(무기염류) 등으로 이루어져 있다.
전체의 약 55%

선택으로 알아보는 인체의 비밀 ③

Q 혈액은 얼마나 빨리 온몸을 돌까?

30초 or **30분** or **1시간** or **1일**

심장은 매일 쉬지 않고 혈액을 몸속으로 내보낸다. 혈액은 온몸에 촘촘히 퍼져 있는 혈관을 지나 체내를 순환하는데, 과연 혈액은 얼마나 빨리 몸속을 한 바퀴 도는 걸까?

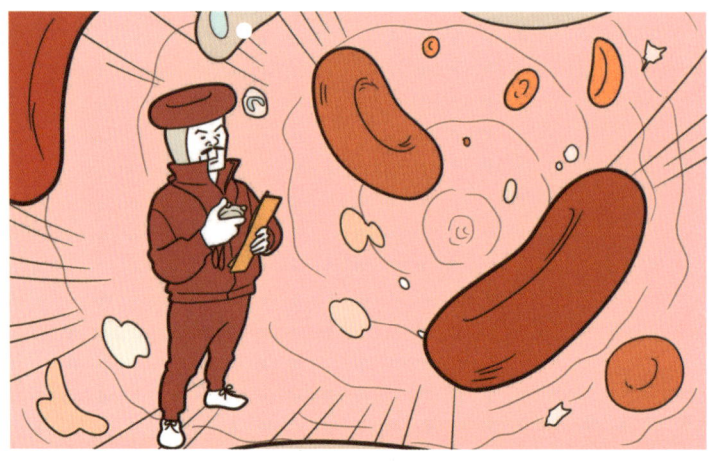

심장은 혈관을 통해 혈액을 몸속에 보내는 펌프 역할을 한다. 평생 쉬지 않고 일하며, **1분 동안 성인 남성은 약 62~70회, 성인 여성은 약 70~80회 박동**하고, 1분 동안 약 5L의 혈액을 밀어낸다. 하루 평균 약 9만~10만 번 박동하여 약 8톤에 달하는 혈액을 온몸으로 내보내는 셈이다.

혈액은 '**심장→대동맥→동맥→모세혈관→정맥→대정맥→심장…**'의 흐름으로 **체내를 순환**한다. 혈액을 내보내는 심장의 힘은 매우 강해서, 정상적인 박동 상태에서 혈류가 흐르는 속도는 오름대동맥(머리로 혈액을 보내는 혈관)에서는 **초속 60~100cm**, 내림대동맥(하반신에 혈액을 보내는 혈관)에서는 **초속 20~30cm**로 매우 빠르다(모세혈관에서는 초속 0.5~1cm로 느려진다).

동맥, 정맥, 모세혈관을 하나로 이은 혈관의 총 길이는 **약 9만 km**에 달하는 것으로 여겨진다. 이 중 대부분은 모세혈관이 차지하기 때문에, 혈관의 총 길이는 마치 온몸을 한 번 둘러싸는 거리라고 할 수 있다.

그렇다면 혈액이 온몸을 한 바퀴 도는 데 걸리는 시간은 얼마나 될까?

심장과 허파 사이를 도는 허파순환은 약 3~4초, 심장과 온몸을 도는 온몸순환은 빠르면 약 30초에서 1분 정도 걸린다(오른쪽 그림). 즉, 혈액이 전신을 한 바퀴 도는 데 걸리는 시간은 약 30초다. 생각했던 것보다 훨씬 빠르지 않은가?

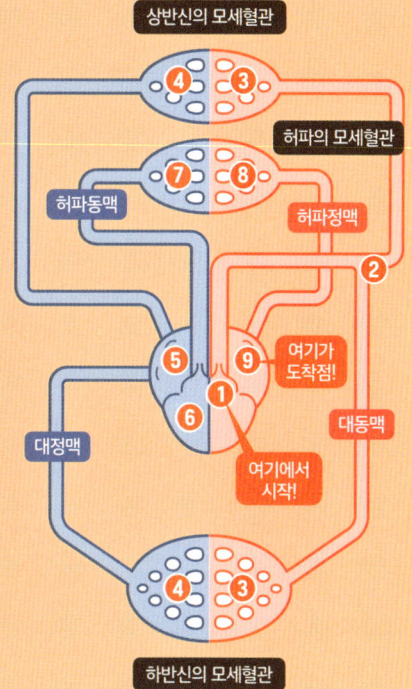

온몸의 혈관

심장에서 나온 혈액은 동맥, 모세혈관, 정맥을 차례로 지나 다시 심장으로 돌아온다.

31 피를 만들어낸다? '골수'의 구조

[뼈]

그렇구나! 골수는 **뼈의 중심부**에 있는 조직. 적혈구, 백혈구 같은 **혈액** 세포들이 만들어진다!

"골수를 기증했다"라는 말을 들어본 적이 있을 것이다. 여기서 '골수'란 과연 무엇일까? **골수는 뼈의 중심부에 있는 조직으로, 이곳에서 적혈구, 백혈구, 혈소판이 만들어진다.** 골수에는 혈액의 근원이 되는 조혈줄기세포가 있으며, 필요에 따라 다양한 혈액 세포로 변신한다(그림 1).

어린이일 때는 대부분의 뼈에 있는 골수에서 혈액 세포가 만들어지지만, 성인이 되면 골반, 척추, 갈비뼈, 어깨뼈, 복장뼈 등 일부 제한된 뼈에서만 혈액 세포가 생성된다. 백혈병이 의심될 경우, 이러한 뼈에서 골수를 채취해 검사하게 된다.

백혈병은 암세포로 변한 백혈병 세포가 무제한으로 증식하는 질환이다. 치료 방법으로는 약물로 백혈병 세포를 죽이는 방법과 건강한 조혈줄기세포를 포함한 골수를 이식하는 방법이 있다. 골수이식을 할 때는 거부 반응을 줄이기 위해 환자의 인간백혈구항원(HLA)이 일치해야 한다. 가족 간에는 약 4분의 1 확률로 일치하지만, 그 외의 경우에는 수백에서 수만 명 중 한 명꼴로만 적합자가 나타나는 낮은 확률이다. 그래서 골수 은행에는 많은 골수 기증자(도너)가 등록되어 있어야 하며, 환자와 HLA가 일치하는 도너를 연결해주는 것이 중요하다.

참고로 혈액 속 세포인 혈구도 수명이 있다. 그래서 **오래된 적혈구는 마지막에 지라에서 처리**되어 새로운 혈구를 만드는 재료로 다시 활용된다(그림 2).

수명이 다한 적혈구는 파괴되어 재사용된다

▶ 혈액의 공장, 골수 (그림 1)

뼈는 중요 기관을 보호하고, 몸을 지탱하고 움직이게 하며, 혈액을 만들어내는 등 여러 가지 중요한 역할을 한다.

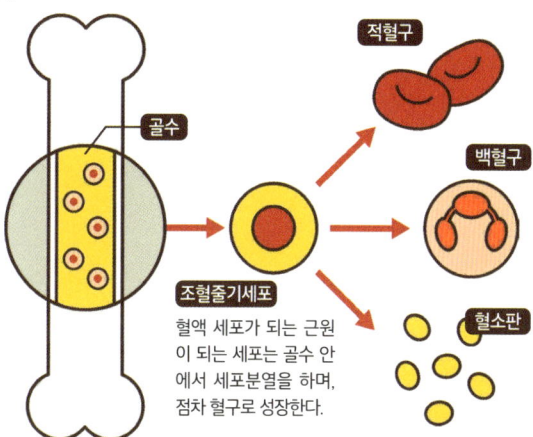

조혈줄기세포: 혈액 세포가 되는 근원이 되는 세포는 골수 안에서 세포분열을 하며, 점차 혈구로 성장한다.

▶ 적혈구의 일생 (그림 2)

적혈구는 골수에서 만들어진 뒤 온몸을 위해 역할을 하다가 수명이 다하면 지라에서 처리되며, 그 안의 철분은 다시 재활용된다.

1 적혈구는 약 120일의 수명을 다하면 지라 등에서 백혈구에 의해 분해된다.

2 분해된 적혈구는 철과 빌리루빈이 된다.

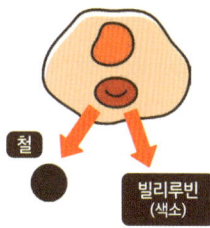

3 철은 처리되어 간과 지라에 저장된다.

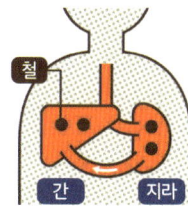

4 이윽고 철분은 골수로 운반되어 새로운 적혈구를 만드는 재료가 된다.

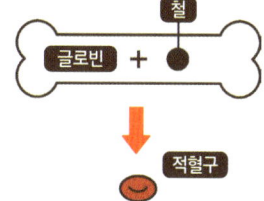

32 온몸에 퍼져 있는 '림프'란 무엇일까?
[림프]

그렇구나!

림프의 흐름으로 **세포의 활동을 돕는다.**
림프절은 **림프액이 모이는 거점!**

림프는 '림프액'이라고 불리는 연한 황색의 액체로, 림프절을 따라 흐른다. 성분은 혈장과 거의 같으며, **모세혈관에서 세포 사이로 스며 나온 혈장이 림프관을 통해 림프절로 들어간 것이 바로 림프액**이다(그림 1).

림프액은 세포에서 나온 노폐물과 수분, 림프구 등을 운반하면서 모세림프관에 모여 림프관을 따라 흐른다. 그리고 마지막에는 빗장뼈 아래 부근에서 정맥과 합쳐진다.

림프구는 백혈구의 한 종류다. T세포(T림프구)와 B세포(B림프구)로 나뉘며, 이들은 모두 바이러스나 세균과 싸우는 역할을 한다(➡P20). **림프절**은 림프액이 모이는 거점에 위치한 콩 모양의 기관으로, 평소에는 약 1cm 크기다. 그리고 림프액 속에 섞인 세균이나 이물질을 걸러내는 기능을 하며, 체내에는 약 300~600개가 분포해 있다.

림프절 내부는 촘촘한 그물망처럼 복잡하게 얽혀 있다. 이곳에는 T세포와 B세포 외에도 대식세포라고 불리는 대형 백혈구가 자리를 잡고 있으며, 대식세포는 통과하는 림프액 속 병원체를 제거한다.

참고로 **림프의 흐름을 원활하게 하여 노폐물 배출을 촉진하기 위해, 몸을 부드럽게 쓸어내리는 방식의 수기 요법**이 있다. 림프 부종을 개선하기 위한 의료 목적의 시술은 림프 배액이라고 하며, 같은 기법을 미용 목적으로 시행하는 경우는 림프 마사지라고 부른다(그림 2).

혈관처럼 온몸에 퍼져 있는 림프관

▶ **림프란?** (그림 1)

혈관에서 스며 나온 수분 등이 림프관에 흡수된 것. 이 림프액은 림프관을 거쳐 정맥으로 합류하며, 이러한 흐름을 림프 계통이라고 부른다.

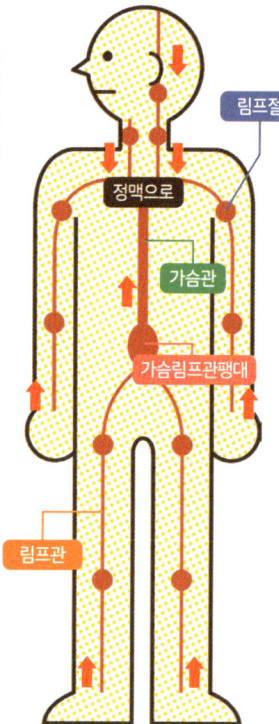

림프절이란

세균이나 바이러스 등이 없는지를 확인하고, 있다면 퇴치하는 장소. 몸 곳곳에 있는 '면역의 관문'이다.

가슴관이란

하반신과 왼쪽 상반신에 모인 림프액을 정맥으로 보내는 굵은 림프관.

림프관이란

모세혈관에서 스며 나온 수분을 흡수한다. 혈관과는 별개로 몸속을 돌며, 흐름은 한 방향으로만 움직여 빗장뼈 아래를 향한다.

가슴림프관팽대란

배에 있는 큰 림프관. 하반신에서 나온 림프액이 이곳으로 모인다.

▶ **림프의 흐름을 원활하게 한다** (그림 2)

몸을 부드럽게 쓸어주어 림프의 흐름을 원활하게 하고 부기를 줄이는 수기 요법이 있으며, 의료 목적이나 미용 목적으로 활용된다.

몸에 쌓인 부기의 원인으로 여겨지는 림프액을 림프관으로 보내는 수기 요법이 있다.

33 눈은 왜 나빠질까?

[눈]

그렇구나! **렌즈 조절 기능이 떨어진 상태.** 예를 들어 가까운 곳만 계속 보면 **근시**가 진행된다!

우리의 눈은 왜 나빠질까?

원인은 여러 가지가 있지만, **눈의 초점을 맞추는 기능이 저하된 것이 그중 하나다.** 예를 들어, 가까이에서 스마트폰을 볼 때 눈은 수정체를 두껍게 하면서 안구를 앞뒤로 늘려 초점을 조절한다. 이렇게 가까운 곳에 계속 초점을 맞추다 보면 안구가 늘어난 채로 굳어져 먼 곳에 초점을 맞출 수 없게 되고, 사물이 흐릿하게 보이며 근시가 진행된다.

눈이 초점을 맞출 수 있는 것은, **모양체라는 가느다란 근육이 수정체의 두께를 조절해주기 때문**이다. 이 기능이 잘 작동하지 않으면 눈이 나빠지게 된다. 또 안구가 뒤틀려 깊이가 달라지거나, 각막이나 수정체가 울퉁불퉁해지고 매끄럽지 않게 되면 시력은 떨어진다.

안구의 길이가 길어지는 등으로 인해 먼 곳에 초점을 맞추는 렌즈 조절이 잘되지 않고, **망막 앞에서 상이 맺히는 상태를 '근시'**라고 한다. 반대로 안구의 길이가 짧아지는 등으로 가까운 곳에 초점을 맞추는 렌즈 조절이 잘되지 않고, **망막 뒤쪽에서 상이 맺히는 상태는 '원시'**라고 한다.

각막이나 수정체의 뒤틀림 등으로 인해 **눈에 들어온 빛이 망막 위에 제대로 초점을 맺지 못하는 상태가 '난시'**다. 또, 노화로 인해 모양체가 약해지면서 수정체 조절이 어려워진 상태를 '노안'이라고 한다.

안경으로 할 수 있는 시력 교정

▶ 눈이 나빠지는 구조

'눈이 나빠진다'는 것은 수정체의 렌즈 조절이 제대로 작동하지 않는 등의 원인으로 망막 위에 상이 제대로 맺히지 않는 상태를 말한다. 안경 등으로 교정할 수 있다.

정시
사물을 볼 때 망막 위에 상이 맺힌다.

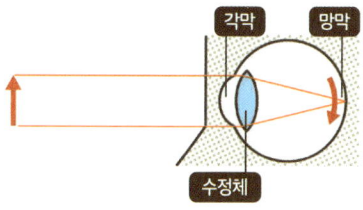

난시 상태
사물을 볼 때 초점이 한 점에 정확히 맺히지 않고, 상하좌우로 흐릿하게 겹쳐 보이는 상태. 각막이나 수정체의 변형 등이 원인이다.

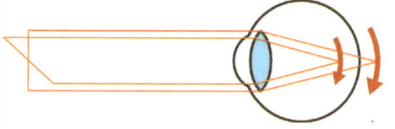

원시 상태
눈의 길이가 짧아지거나 수정체의 렌즈 조절이 제대로 작동하지 않으면, 보고 있는 대상이 망막보다 뒤쪽에서 상을 맺게 된다.

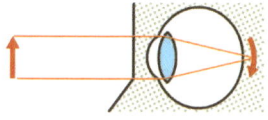

근시 상태
눈의 길이가 길어지거나, 수정체의 렌즈 조절이 제대로 작동하지 않으면, 보고 있는 대상이 망막보다 앞쪽에서 상을 맺게 된다.

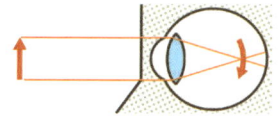

[원시용 안경을 쓰면…]
원시의 경우, 볼록렌즈를 사용해 초점 거리를 앞당긴다. 그러면 보고 있는 사물이 망막 위에 정확히 상을 맺게 된다.

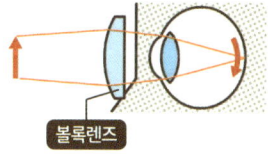

[근시용 안경을 쓰면…]
근시의 경우, 오목렌즈를 사용해 초점 거리를 늘린다. 그러면 보고 있는 사물이 망막 위에 정확히 상을 맺게 된다.

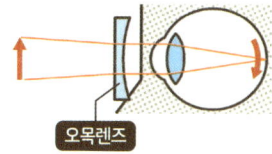

34 [귀] 어떻게 귀로 소리를 들을 수 있을까?

그렇구나! 고막의 진동이 귓속뼈에서 증폭되어, 달팽이관 속 청각세포의 털을 진동시켜 소리를 인식하게 된다!

우리는 어떻게 소리를 들을 수 있을까? 사물의 진동이 귀를 통해 '소리'로 인식되기까지의 과정을 함께 살펴보자(오른쪽 그림).

소리란 사물의 진동이다. 사물의 진동이 공기 중 등을 통해 전달되며 파동인 **'음파'**를 형성하고 이것이 귀에 도달한다. 귓바퀴에 모인 음파는 고막을 향해 이동한다. 고막은 두께 약 0.1mm의 얇은 막이다. 고막보다 바깥쪽을 '바깥귀(외이)'라고 하며, 음파는 '바깥귀길'을 따라 이동한다.

음파는 고막을 진동시키고, **고막의 진동은 안쪽에 있는 귓속뼈로 전달된다.** 귓속뼈는 망치뼈, 모루뼈, 등자뼈라는 3개의 작은 뼈로 이루어져 있으며, 진동은 이 순서대로 전달된다. 망치뼈와 모루뼈는 '지렛대'처럼 움직이며, 이 움직임이 작은 등자뼈를 진동시켜 진동을 약 20배로 증폭시킨다. 참고로 고막에서 귓속뼈까지의 부분을 '가운데귀(중이)'라고 한다.

진동은 '속귀(내이)'의 달팽이관으로 전달된다. 달팽이관은 림프액으로 채워진 나선형 관이다. 달팽이관 곳곳에는 유모세포(청각세포)를 가진 부분이 있으며, 이를 코르티기관이라고 한다. 유모세포는 림프액을 따라 전달된 진동을 받아, 그 위에 있는 털이 공명하며 진동하는 구조로 되어 있다. 그리고 **유모세포의 털이 기울어지면, 그 움직임이 진동 신호가 되어 더 안쪽의 신경으로 전달**된다. 소리 정보는 대뇌겉질의 측면에 위치한 **청각영역으로 전달되며, 이곳에서 비로소 '소리'로 인식된다.**

가운데귀에서 증폭, 속귀에서 전기 신호로

▶ 청각의 구조

소리의 진동을 고막이 받아들이고, 그 진동을 전기 신호로 바꿔 신경을 통해 뇌의 청각 영역으로 보내 소리를 지각한다.

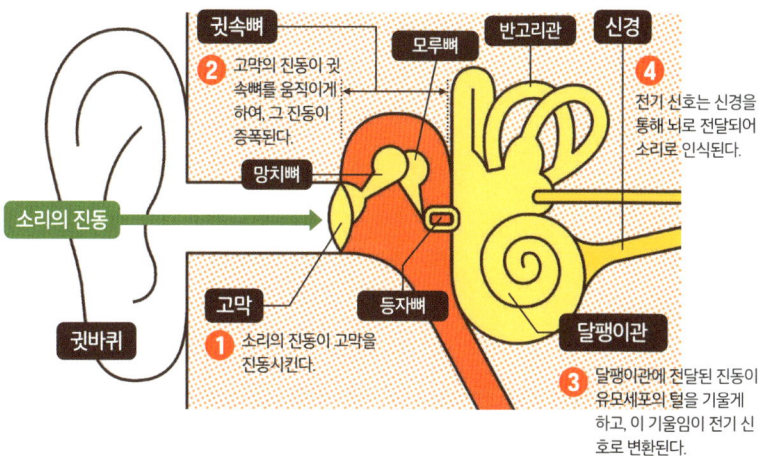

달팽이관의 구조

달팽이관의 나선을 따라 코르티기관이 줄 지어 있다. 소리의 진동은 정상까지 도달한 뒤, 다른 경로를 통해 되돌아가 가운데귀를 거쳐 빠져나간다.

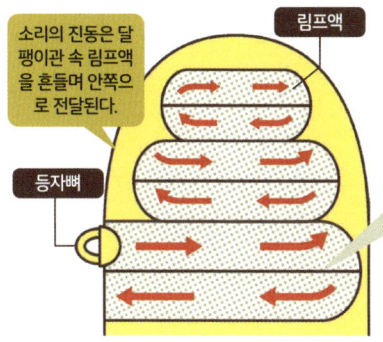

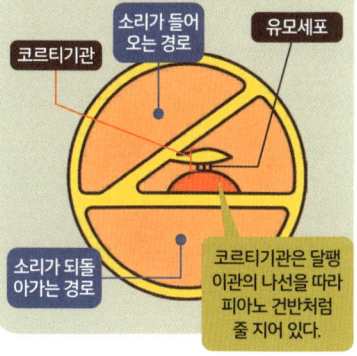

35 사람의 평형감각은 귀가 담당하고 있다?
[귀]

그렇구나! 귓속의 **반고리관**과 **안뜰기관**(전정기관)이 몸의 **방향**과 **가속도**를 감지하고 있다!

사람은 바람을 맞거나 무언가에 몸이 밀려도 쉽게 넘어지지 않고 서 있을 수 있다. 이는 몸의 기울기나 회전을 뇌가 무의식중에 감지하고 자세를 바로잡기 때문이다. 이러한 **평형감각을 느끼고 뇌에 전달하는 감각기관은 사실 귓속에 있다**(오른쪽 그림).

귓속에 있는 속귀(내이)에는 달팽이관 외에도 반고리관과 안뜰기관(전정기관)이 있다. **반고리관은 3개의 고리 모양 관으로 이루어져 있으며, 이들은 서로 직각으로 배치되어 각각 다른 방향의 기울기와 회전을 감지**한다.

반고리관의 내부는 림프액으로 채워져 있으며, 몸이 회전하면 림프액이 함께 움직인다. 반고리관의 바닥에는 팽대부라 불리는 불룩한 부분이 있고, 그 안에는 신경과 연결된 감각모를 가진 '**큐풀라**'라는 구조가 위치한다. '돔 모양의 산 정상'이라는 뜻을 지닌 큐풀라는 림프액의 움직임에 따라 흔들리며, 감각모를 지닌 감각세포의 집합체로서 감각모가 움직인 방향에 대한 정보를 뇌로 전달한다.

반고리관 아래에는 '**난형낭**'과 '**구형낭**'이라 불리는 팽대 부분이 있으며, 이 부위를 **안뜰기관**이라고 한다. 난형낭에는 감각모를 가진 감각세포가 수평 방향으로 분포하고, 구형낭에는 수직 방향으로 분포한다. 감각모 위에는 이석이 빽빽하게 덮여 있으며, 이 구조는 **직선 운동에 대한 정보**를 감지하여 뇌로 전달한다. 이러한 정보를 뇌에서 통합·처리함으로써 사람은 평형을 유지할 수 있다.

평형감각을 담당하는 반고리관과 안뜰기관

▶ **평형감각의 구조**

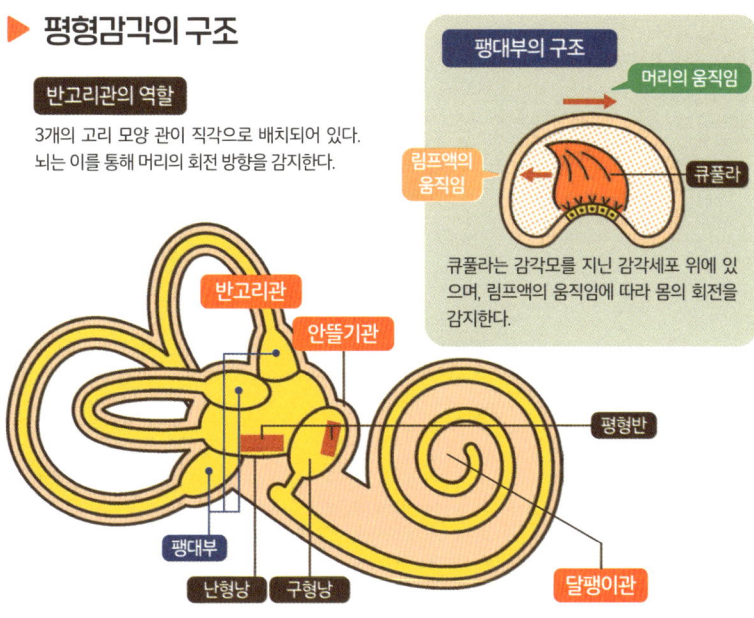

반고리관의 역할
3개의 고리 모양 관이 직각으로 배치되어 있다. 뇌는 이를 통해 머리의 회전 방향을 감지한다.

팽대부의 구조
큐풀라는 감각모를 지닌 감각세포 위에 있으며, 림프액의 움직임에 따라 몸의 회전을 감지한다.

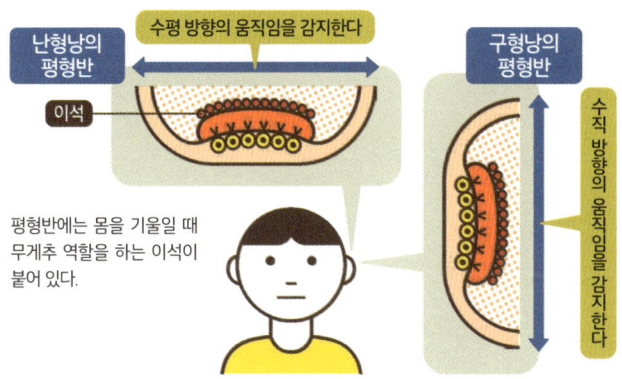

안뜰기관의 역할
난형낭과 구형낭이라는 두 개의 팽대 안에는 각각 평형반이라는 평형감각 수용기가 있어 직선 운동을 감지한다.

평형반에는 몸을 기울일 때 무게추 역할을 하는 이석이 붙어 있다.

36 [코] '냄새'란 뭘까? 좋은 냄새와 나쁜 냄새란?

그렇구나! 냄새 물질은 코안에 줄 지어 있는 후각세포가 감지한다. 냄새가 좋고 나쁜지는 '본능'과 '학습'으로 판단!

우리는 냄새를 어떻게 느낄까? 냄새를 느끼는 감각을 **후각**이라고 한다. 코는 숨을 쉬기 위한 출입구이면서, 동시에 **후각의 감각기관**이기도 하다. 코의 안쪽에는 좌우로 나뉘어 있는 '코안'이라는 공간이 있다. 이 코안의 벽은 점막으로 덮여 있어 늘 촉촉하게 유지된다. 코안의 천장 부분에는 후각상피라는 조직이 있으며, 그곳에는 냄새를 감지하는 수용체들이 줄 지어 있다. 이를 후각세포라고 하며, 그 수는 500만~1,000만 개에 이른다.

냄새가 나는 물체에서는 **냄새 물질**(냄새 분자)이 공기 중으로 퍼져나간다. 이 냄새 물질이 코안으로 들어오면, 후각세포의 끝에 있는 후각섬모가 그것을 포착한다(그림 1). **후각세포에는 다양한 종류가 있으며, 각각 특정한 냄새 분자에 맞는 형태를 가지고 있다.** 이렇게 수용된 냄새 분자의 조합과 양에 따라 느껴지는 냄새가 달라진다. 사람은 수십만 종류의 냄새 물질을 구별할 수 있다고 알려져 있다.

좋은 냄새와 나쁜 냄새는 어떻게 판단할 수 있을까? 사람이 어떤 냄새를 맡았을 때, 선천적이고 본능적인 **'유쾌·불쾌'** 반응과 후천적인 경험에 따른 **'좋다·싫다'**의 반응이 함께 작용한다. 우리는 상한 음식처럼 위험한 냄새를 맡으면 본능적으로 얼굴을 돌리고, 좋아하는 냄새에는 코를 가까이 대기도 한다. 냄새에 대한 **'본능 판단'**과 기억을 바탕으로 한 **'학습 판단'**이 뇌에서 즉각적으로 이루어져, 냄새의 좋고 나쁨을 평가하게 되는 것이다(그림 2).

후각세포가 냄새를 전기 신호로 변환

▶ 후각의 구조 (그림1)

콧구멍으로 들어온 냄새 물질은 후각점막에 있는 후각세포가 포착하며, 이는 전기 신호로 변환되어 신경을 통해 뇌의 후각 영역으로 전달된다.

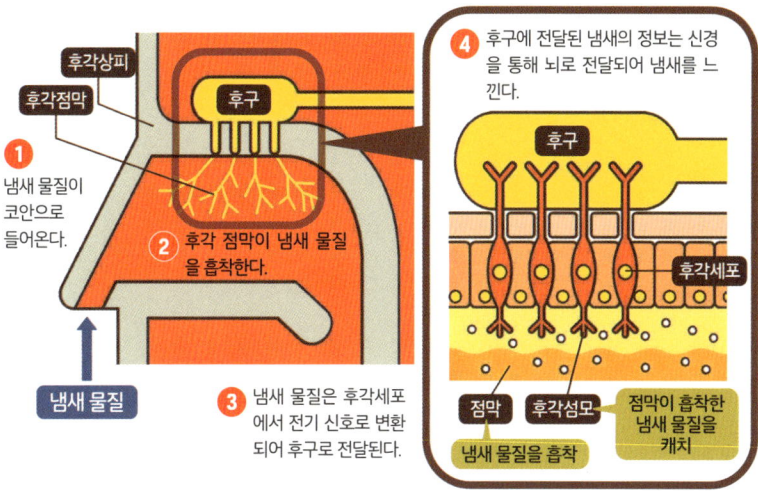

▶ 좋은 냄새와 나쁜 냄새의 차이는? (그림2)

본능 판단과 학습 판단을 통해 냄새에 대한 이미지는 뇌에서 형성된다. 후각은 다른 감각보다 정보가 더 빠르게 전달되기 때문에, 몸은 냄새에 대해 순식간에 반응한다.

37 [혀] '맛은 어떻게 느낄까?

그렇구나! 혀의 맛봉오리에서 느낄 수 있다. '다감각 지각'이라고 불리는 미각은 기억이나 감정 등의 영향을 받기도 한다!

맛은 혀에서 느낀다. 그 원리는 무엇일까?

혀에는 '**맛봉오리**'라고 불리는 미각세포가 수십 개 모여 있는 구조가 있으며, **미각 정보는 이곳에서 포착된다.** 맛봉오리는 혀뿐 아니라 입안의 점막에도 존재하지만, 전체 약 6,000~7,000개의 맛봉오리 중 약 80%가 혀에 분포한다. 혀의 표면에는 '**혀유두**'라는 돌기들이 줄 지어 배열되어 있으며, 이 혀유두의 옆면에 맛봉오리가 위치한다(그림 1).

음식물에서 물이나 침에 녹아 나온 물질이 맛봉오리의 미각세포를 자극하면, 그것이 전기 신호로 바뀌어 신경을 통해 뇌로 전달된다. 미각의 본래 역할은 입으로 들어온 음식이 몸에 이로운 영양소인지, 해로운 독인지 판단하는 것이다. **영양소일 경우에는 맛있게, 독일 경우에는 맛없게 느끼도록 되어 있다.**

미각은 후각, 시각, 청각, 촉각 등의 영향을 받는 '다감각 지각'이기도 하다. 예를 들어 코를 막고 초콜릿을 먹으면, 초콜릿 맛을 제대로 느끼지 못한다. 이것은 미각이 후각의 영향을 받고 있기 때문에 일어나는 현상이다.

또한 **미각은 나이나 몸이 필요로 하는 것에 따라 변하며, 좋아하는 맛도 달라지게 된다.** 대사가 활발한 어린 시절에 칼로리가 높은 단맛의 과자를 좋아하는 것도 그 때문이다. 한편, 어릴 때는 먹기 힘들었던 커피나 맥주를 성인이 되어 마실 수 있게 되는 것은 맛봉오리의 변화가 하나의 원인으로 여겨진다(그림 2).

나이와 함께 미각은 변화한다

▶ 미각의 구조 (그림1)

음식물이 물이나 침에 녹기 시작하면, 그 성분이 맛봉오리의 미각세포를 자극한다. 이 자극은 전기 신호로 변환되어 신경을 통해 뇌의 미각 영역으로 전달된다.

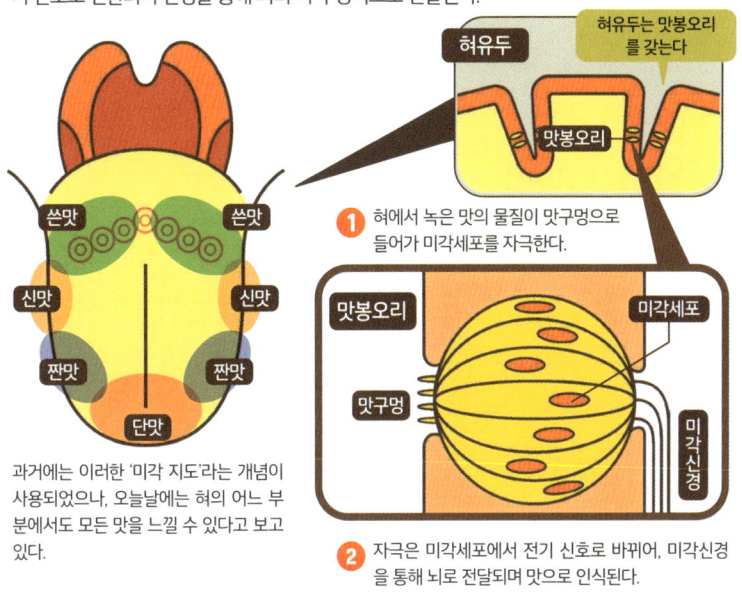

과거에는 이러한 '미각 지도'라는 개념이 사용되었으나, 오늘날에는 혀의 어느 부분에서도 모든 맛을 느낄 수 있다고 보고 있다.

▶ 왜 미각은 변할까? (그림2)

맛봉오리는 20세 전후를 정점으로 그 수나 민감도에 변화가 생긴다. 이와 더불어 미각은 경험에 의해서도 변화해간다.

38 사람은 어떻게 체온을 조절할까?
[체온]

체온에는 '피부 온도'와 '심부 체온'이 있으며, 피부 온도에서 심부 체온을 조절한다!

체온에는 **'피부 온도'**와 **'심부 체온'**이 있다. 일반적으로 우리가 체온이라고 부르며 겨드랑이 등에서 측정하는 것은 피부 온도다. 반면 심부 체온은 뇌나 내장과 같은 내부 기관의 온도를 말하며, 항문이나 고막 등을 통해 측정한다. **심부 체온은 보통 약 37℃로 유지되며,** 이보다 낮아지면 소화효소의 작용이 약해지는 등 체내의 화학 반응이 더뎌진다. 반대로 42℃를 넘으면 체내 단백질이 응고하기 시작한다. 이처럼 심부 체온을 일정하게 유지하는 것은 생명을 유지하는 데 매우 중요하다.

피부 온도는 외부 온도의 영향을 받아 차가워지거나 뜨거워진다. 날씨가 추워져 피부 온도가 내려가면, 피부 표면의 혈관이 수축하여 혈류량이 줄고, 심부 체온이 내려가지 않도록 조절된다. 또한 피부 속의 털세움근이 수축하여, 소위 '닭살'이라고 불리는 현상이 나타난다.

밖이 더워져 피부 온도가 올라가면 피부 아래의 혈관이 확장되어 혈류량이 늘어난다. 이를 통해 체내의 열을 바깥으로 방출하여 체온을 낮추게 된다. 또한 피부의 땀샘에서 땀이 분비되고, 땀이 증발할 때 열을 빼앗기 때문에 피부 온도는 내려간다. **이처럼 피부가 온도 변화에 맞추어 반응함으로써, 심부 체온이 가능한 한 일정하게 유지되도록 보호하고 있는 것**이다(오른쪽 그림).

참고로, 추울 때 몸을 떠는 이유는 체온을 유지하기 위해서이다. 온몸의 근육을 미세하게 떨게 함으로써, 가만히 있을 때보다 더 많은 열을 만들어내는 것이다.

외부 온도에 피부가 반응하여 체온 조절

▶ **피부 온도 관리의 구조**

체내의 단백질이 응고되지 않도록, 심부 체온을 보호하기 위한 구조가 마련되어 있다.

밖이 추울 때

혈관이 수축하면 피부의 혈류량이 줄어들어 체열이 쉽게 빠져나가지 않게 된다. 털세움근이 수축하면서 털 주변의 피부가 도드라지게 되고, 그 결과 '닭살'이 생긴다.

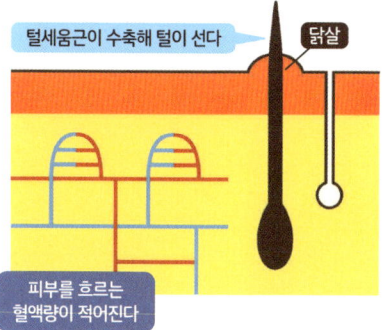

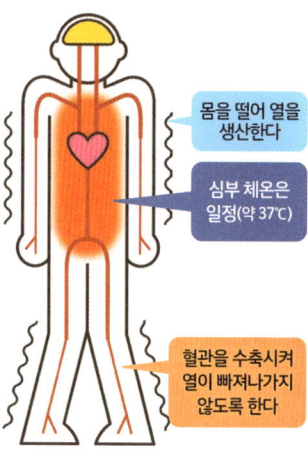

- 몸을 떨어 열을 생산한다
- 심부 체온은 일정(약 37℃)
- 혈관을 수축시켜 열이 빠져나가지 않도록 한다

밖이 더울 때

혈관이 확장되면 피부의 혈류량이 많아져 열이 밖으로 빠져나간다. 게다가 땀샘에서 분비된 땀이 증발하면서 열을 빼앗는다(기화열).

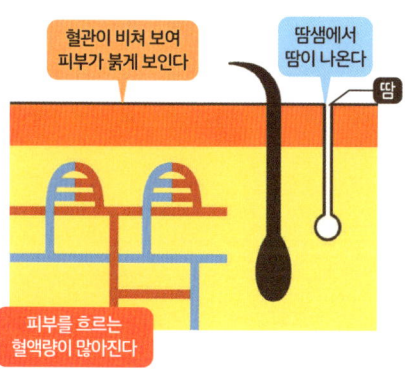

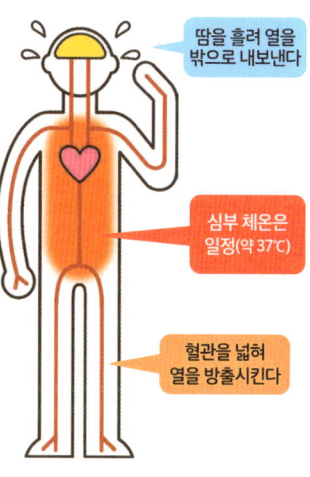

- 땀을 흘려 열을 밖으로 내보낸다
- 심부 체온은 일정(약 37℃)
- 혈관을 넓혀 열을 방출시킨다

선택으로 알아보는 인체의 비밀 ④

Q 사람은 어느 정도의 체온까지 견딜 수 있을까?

42℃ or **45℃** or **50℃**

열이 나면 몸이 무겁고 나른해진다. 감기로 40℃까지 오른다는 얘긴 흔히 듣지만, 사람은 과연 어느 정도의 체온까지 견딜 수 있을까?

사람의 평균 체온은 36.89℃라고 한다. 체온은 개인차가 커서 일률적으로 말할 수는 없지만, 성인의 평상시 체온(건강할 때의 체온)은 대체로 36~37℃ 사이이며, 어린이는 성인보다 다소 높고, 고령자는 조금 낮다고 한다. 하루 중에도 체온은 변화한다. 감기에 걸렸을 때처럼 체온은 1℃만 올라가도 몸이 힘들어진다. 그렇다면 이대로 체온이 계속 올라가면 어떻게 될까? 사람의 몸은 어느 정도의 체온까지 견딜 수 있을까?

몸의 **'심부 체온'**, 즉 뇌나 내장 등 신체 내부의 온도를 기준으로 생각해보자.

사람이 생존할 수 있는 체온의 한계는 약 33~42℃로 여겨진다(오른쪽 그림). **심부 체온이 42℃를 넘으면, 몸을 구성하는 단백질이 고온으로 인해 변형되기 시작한다.** 몸의 약 20%는 단백질로 이루어져 있으며, 세포나 체온에 따른 화학 반응을 촉진하는 효소 등도 단백질로 구성되어 있다. 이러한 단백질들이 고온에서 파괴되면 사람은 생존할 수 없다. 체온이 45℃를 넘으면 단시간에도 사망에 이를 수 있다. 즉, 사람이 견딜 수 있는 심부 체온은 최고 42℃다.

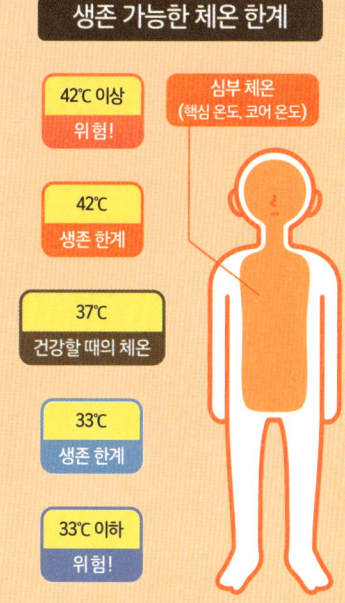

반대로 체온이 낮아지면, 몸은 어떻게 될까?

심부 체온이 35℃까지 내려가면 저체온증에 걸린다. 체온을 유지하기 위해 혈관이 수축하고 몸이 떨리기 시작한다. 체온이 32℃까지 내려가면 떨림이 멈추고 의식 장애가 나타나며, 28℃ 이하가 되면 의식을 잃고, 여기서 더 낮아지면 결국 죽음에 이르게 된다. 적절한 체온을 유지하는 것은 생명을 지키는 데 필수적인 일이다.

39 사람의 '피부'가 하는 역할은?

[피부]

그렇구나! 외부 자극으로부터 **몸을 보호**하는 것이 주된 역할. 또한, **비타민 D**를 활성화하는 역할도 한다!

'피부'는 어떤 역할을 할까?

가장 바깥쪽에 위치한 **'표피'**는 케라틴이라는 섬유상 단백질을 다량 함유한 세포들로 이루어져 있다. 이 구조는 장벽 역할을 하여 **외부의 세균이나 바이러스 같은 이물질의 침입을 막아준다**.

표피의 가장 아래층에는 멜라닌 색소를 만드는 멜라노사이트(색소세포)라는 세포가 있다. **멜라노사이트에서 만들어진 멜라닌 색소를 받은 주변 세포들은 유해한 자외선으로부터 피하조직을 보호하는 역할**을 한다.

표피 아래에 있는 **'진피'**에는 섬유가 그물처럼 퍼져 있다. 이 조직 덕분에 피부는 강도와 탄력을 가지게 되어 외부의 충격으로부터 내부 조직이 손상될 위험이 줄어든다.

그리고 피부 아래에는 지방층이 있다. 이 층은 **'피하조직(피하지방)'**이라고 불리며, 외부의 더위나 추위로부터 몸을 보호하거나 충격을 흡수하는 쿠션처럼 작용해 몸을 지켜준다. 이처럼 피부는 여러 층으로 구성되어 몸을 보호하는 중요한 역할을 한다(그림 1).

피부에는 또 하나, **비타민 D를 활성화하는 역할**도 있다(그림 2). 비타민 D는 작은창자에서 인과 칼슘의 흡수를 촉진하기 때문에, 뼈를 튼튼하게 유지하는 데 꼭 필요한 영양소이다. 이 비타민 D는 자외선이 피부에 닿을 때 활성화된다.

태양으로부터 자외선도 차단한다

▶ 피부가 몸을 보호하는 구조 (그림1)

피부는 표피, 멜라노사이트, 진피의 작용을 통해 인체를 보호한다.

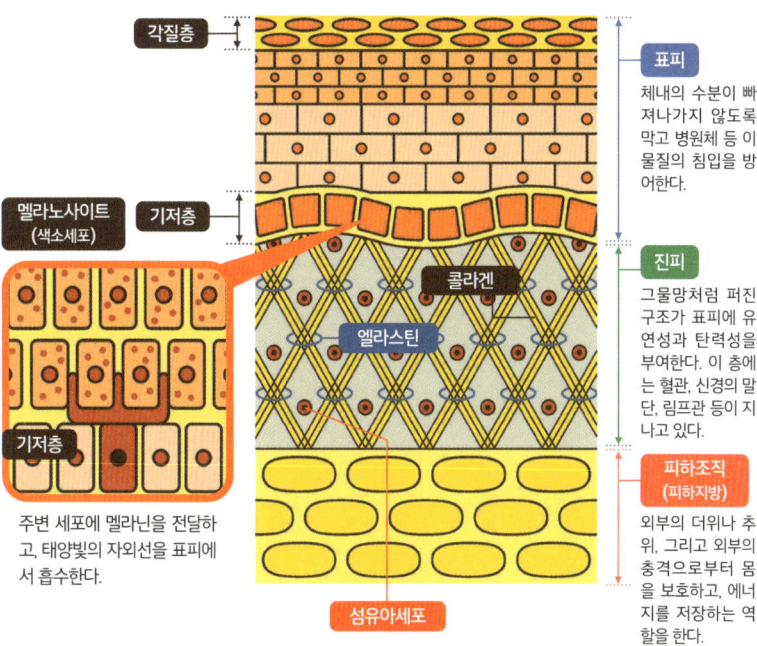

▶ 피부가 비타민 D를 활성화한다 (그림2)

비타민 D는 작은창자에서 인과 칼슘의 흡수를 촉진하기 때문에, 뼈를 튼튼하게 하는 데 중요한 역할을 한다. 적당한 햇빛의 자외선은 피부에서 비타민 D를 활성화하는 데에도 도움이 된다.

40 체내 순환을 조절한다? '콩팥'의 구조

[콩팥]

혈액 속의 **노폐물은 콩팥에서 여과되어 소변**이 되고, **체외로 배출**된다!

소변을 만드는 콩팥(신장)은 어떤 구조로 이루어져 있을까?

사람은 단백질이나 당질, 지질을 사용해 활동한다. 단백질을 이용한 뒤에 생긴 노폐물이나 유해물질은 콩팥에서 혈액 속에서 체로 거르듯 여과된 후 소변이 되어 체외로 배출된다. **콩팥은 소변을 만듦으로써 혈액을 깨끗하게 유지하고 있는 것**이다 (그림 1).

콩팥은 여분의 수분을 배출하는 역할도 한다. 이때 몸에 필요한 수분량에 따라 콩팥은 소변량을 조절한다. 예를 들어 운동으로 땀을 많이 흘렸을 때는 수분 손실을 줄이기 위해 소변량이 줄어든다.

염분을 너무 많이 섭취해 혈액 속의 나트륨 농도가 높아지면, 소변을 통해 배출되는 나트륨의 양도 많아진다. 이는 콩팥이 혈액 속 미네랄 농도 역시 조절하고 있기 때문이다. 콩팥에는 **몸속의 수분과 미네랄의 양을 조절하여, 체내 균형을 유지하고 건강을 지키는 역할**도 있다(그림 2).

사람에게 간과 콩팥은 없어서는 안 될 중요한 장기다. 만약 콩팥의 기능이 저하되어 거의 작동하지 않게 되면, 콩팥이 수행하던 혈액 정화 기능을 대신하기 위해 콩팥 이식이나 **'인공투석'** 같은 치료법이 시행된다.

수분과 미네랄의 균형을 잡는다

▶ 콩팥의 여과 구조 (그림1)

콩팥(신장)은 혈액 속의 노폐물, 여분의 수분과 염분 등을 여과해 소변으로 배출함으로써 혈액을 정화하는 역할을 한다.

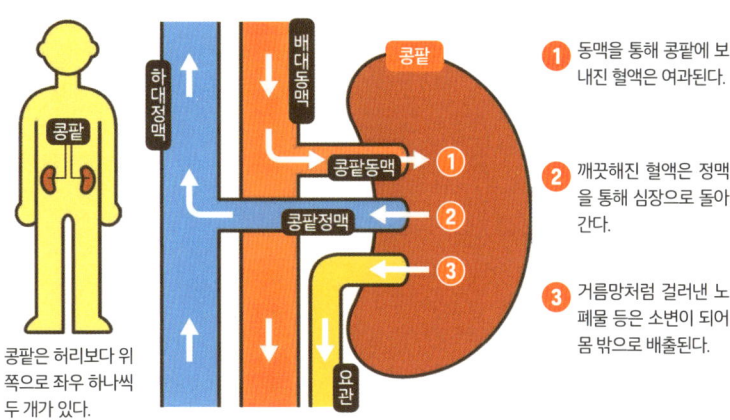

1. 동맥을 통해 콩팥에 보내진 혈액은 여과된다.
2. 깨끗해진 혈액은 정맥을 통해 심장으로 돌아간다.
3. 거름망처럼 걸러낸 노폐물 등은 소변이 되어 몸 밖으로 배출된다.

콩팥은 허리보다 위쪽으로 좌우 하나씩 두 개가 있다.

▶ 콩팥의 주요 역할 (그림2)

수분량 조절

땀을 많이 흘렸을 때는 소변량이 줄어들어 체내 수분의 균형이 조절된다.

미네랄 농도 조절

염분이 많은 음식을 먹으면 콩팥은 혈액 속 미네랄 등 전해질의 농도도 조절한다.

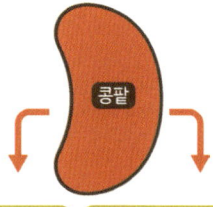

호르몬 분비

콩팥에서는 적혈구를 늘리는 호르몬이나 혈압이 알맞게 유지되도록 조절하는 호르몬도 분비된다.

41 과음하면 간에 안 좋을까?
[간]

다량의 음주로 **중성지방** 등이 간에 쌓이면 **간이 손상**을 입을 수 있다!

과음은 간에 좋지 않다고 알려져 있다. 그렇다면 알코올로 인해 간에는 어떤 변화가 일어날까?

간은 여러 가지 기능을 수행하는 장기다. 그중 하나는 소화기관에서 흡수된 음식물의 **영양분을 분해하고, 몸이 이용하기 쉬운 형태로 합성해 저장하는 역할**이다. 섭취한 에너지가 소비한 에너지보다 많을 경우, 남은 에너지는 중성지방 등으로 바뀌어 내장지방이나 피하지방, 그리고 간에 쌓이게 된다.

매일 많은 양의 술을 마시면 간은 알코올을 처리하느라 바빠진다. 그 결과 알코올성 간 장애가 생기거나 지방간이 될 수 있다. 지방간은 겉으로 드러나는 자각 증상이 거의 없기 때문에, 다량의 음주를 계속하면 자신도 모르는 사이에 간 질환이 점점 진행될 수 있다.

또한 간은 **알코올 같은 독성 물질을 해독하는 역할**도 하지만(➡P38), 술을 많이 마시면 그 처리를 따라가지 못해 **독성이 강한 아세트알데히드가 혈액 속을 돌아다니게 된다.** 그 결과 온몸에 나쁜 영향을 미치게 된다.

지방간 상태에서 계속해서 술을 많이 마시면 간세포에 염증이 생기는 **알코올성 간염**으로 악화될 수 있다. 과음을 멈추지 않으면, 결국 **간경변**으로 진행된다. 지방간은 금주만으로도 회복이 가능하지만, 간경변은 간이 되돌릴 수 없을 정도로 딱딱하게 섬유화되기 때문에 정상으로 회복되기 어렵다.

장기간에 걸친 음주로 간의 염증이 진행된다

▶ **과음하면 우리 몸은 어떻게 될까?**

술을 많이 마시면 간에 지방이 많이 쌓여 알코올성 지방간이 된다. 또한 알코올 분해가 간의 처리 능력을 넘어서면서, 간 손상이 점점 누적된다.

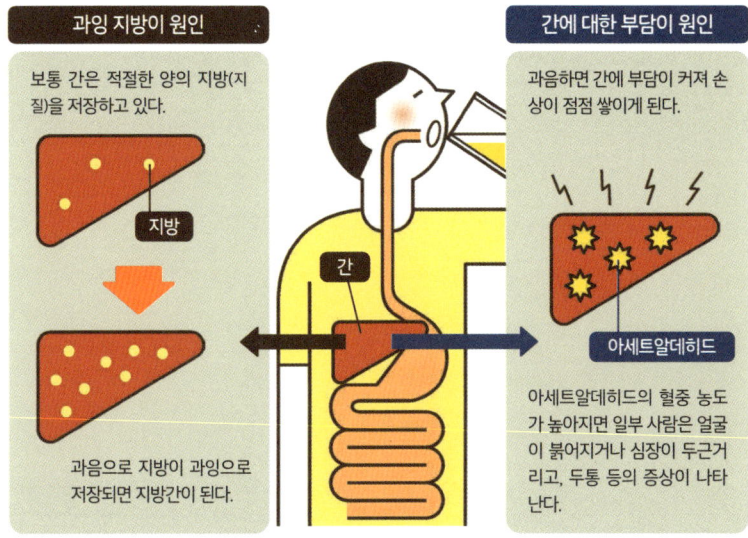

과잉 지방이 원인

보통 간은 적절한 양의 지방(지질)을 저장하고 있다.

과음으로 지방이 과잉으로 저장되면 지방간이 된다.

간에 대한 부담이 원인

과음하면 간에 부담이 커져 손상이 점점 쌓이게 된다.

아세트알데히드의 혈중 농도가 높아지면 일부 사람은 얼굴이 붉어지거나 심장이 두근거리고, 두통 등의 증상이 나타난다.

간에 지방이 쌓이면…

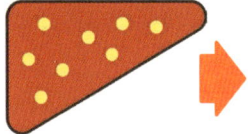

술을 많이 마셔 간세포에 지방이 과도하게 쌓이면, '알코올성 지방간'이 된다.

만성적으로 술을 많이 마시는 생활이 계속되면 간세포에 염증이 생겨 '알코올성 간염'이 된다.

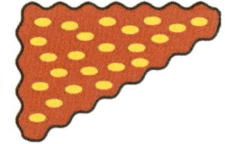

염증이 계속되면 건강한 간세포가 줄어들고 섬유화가 진행되어 '간경변'으로 이어진다.

42 '방귀'란 뭘까? 방귀의 구조

[위장]

그렇구나! 음식물과 함께 삼킨 **공기**와 장에서 음식을 소화할 때 생기는 **가스**가 바로 '방귀'의 원인!

누구나 나오는 방귀, 대체 어떤 원리로 나오는 걸까?

방귀의 정체는 음식을 먹을 때 함께 삼킨 공기와 장내세균(➡P126)**이 만들어낸 가스**다. 성인은 하루 평균 0.5~1.5L의 방귀를 뀐다. 음식물과 함께 삼킨 공기는 냄새가 없으나, 소화 과정에서 생긴 가스는 장내세균을 만드는 가스와 섞이면서 악취를 낸다(오른쪽 그림).

냄새 나는 방귀는 퍼프린젠스균 등의 장내 유해균이 음식물 찌꺼기를 분해할 때 발생한다. 특히 고기는 단백질이 많아, 분해되는 과정에서 악취가 나는 방귀가 생기기 쉽다. 장내세균의 종류에 따라 방귀에서 냄새가 날 뿐 아니라, 유해물질까지 생성되기도 한다.

냄새의 주요 성분은 **질소, 수소, 산소, 황화수소, 이산화탄소, 메탄가스** 등이다. 장내세균이 건강하게 유지되면 방귀 냄새는 줄어든다.

또한 발효식품이나 수용성 식이섬유를 잘 섭취하면 방귀나 대변의 냄새, 대변의 단단함을 적절히 조절할 수 있다. 이는 몸 상태를 정돈하고 대장암 등의 예방에도 도움이 된다.

냄새가 나는 방귀와 나지 않는 방귀가 있다

▶ 방귀의 원리

장내세균의 종류에 따라 분해 과정에서 발생하는 가스의 냄새는 달라진다.

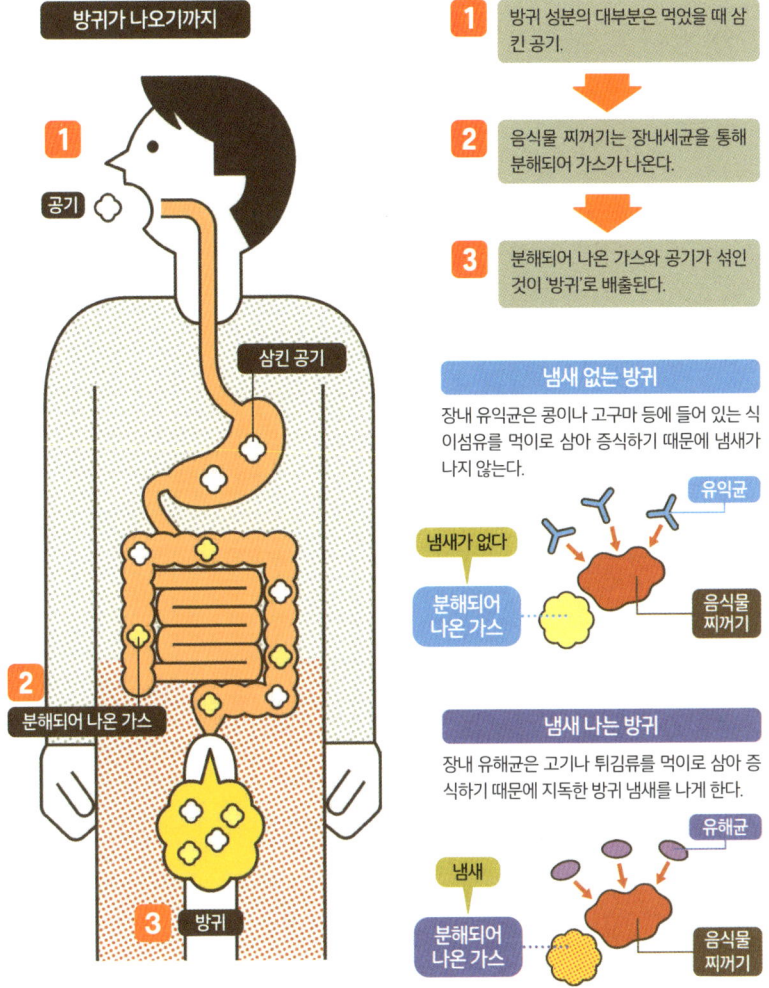

1. 방귀 성분의 대부분은 먹었을 때 삼킨 공기.
2. 음식물 찌꺼기는 장내세균을 통해 분해되어 가스가 나온다.
3. 분해되어 나온 가스와 공기가 섞인 것이 '방귀'로 배출된다.

냄새 없는 방귀

장내 유익균은 콩이나 고구마 등에 들어 있는 식이섬유를 먹이로 삼아 증식하기 때문에 냄새가 나지 않는다.

냄새 나는 방귀

장내 유해균은 고기나 튀김류를 먹이로 삼아 증식하기 때문에 지독한 방귀 냄새를 나게 한다.

43 딸꾹질이란 뭘까? 왜 날까?
[호흡]

딸꾹질은 가로막이 돌발적으로 경련을 일으켜 '딸꾹' 하는 소리가 나는 현상!

딸꾹질은 왜 날까?

딸꾹질은 주로 허파 아래에 있는 가로막(횡격막이라고도 한다. 경우에 따라 다른 호흡 보조 근육일 수도 있다)**이 돌발적으로 경련하면서 '딸꾹' 하는 소리가 나는 현상**이다(그림 1). 뜨겁거나 자극적인 음식을 삼켰을 때, 급하게 먹거나 마셨을 때, 큰 소리를 내거나 크게 웃었을 때 잘 일어나며, 식도나 허파에 공기가 찼을 때, 또는 위장 장애, 요독증, 뇌종양, 알코올 중독 등의 질환이 원인이 되어 발생하는 경우도 있다.

가로막이 경련을 일으키는 데에는 **미주신경※과 가로막신경이 관여하는 것으로 여겨지지만, 정확한 메커니즘은 아직 명확히 밝혀지지 않았다**. 호흡을 멈추거나 갑자기 놀라거나 차가운 물을 마시는 등의 방법으로 딸꾹질이 멈춘다는 이야기가 전해지는데, 이는 사람들의 오랜 경험에서 비롯된 일종의 경험칙으로, 실제로 효과가 있을 때도 있지만 그 **결과는 상황에 따라 달라진다**(그림 2).

딸꾹질이 이틀 이상 지속될 경우에는 의사의 진료를 받는 것이 좋다. 병원에서는 원인을 찾아 제거하거나 치료하고, 심한 경우에는 약물 투여나 외과적 처치를 포함한 치료가 이루어진다. **'딸꾹질을 100번 하면 죽는다'는 미신이 전해지지만, 이는 사실이 아니다**. 다만 딸꾹질이 계속될 때는 큰 병이 숨어 있을 수 있다는 주의를 환기하기 위한, 옛사람들의 지혜였을지도 모른다.

※ 미주신경: 뇌의 숨뇌에서 나오는 뇌신경 중 하나. 머리, 목, 가슴, 배 부위에 걸쳐 분포한다.

딸꾹질은 가로막의 경련

▶ 딸꾹질이 나오는 원리 (그림1)

딸꾹질은 가로막이 돌발적으로 경련을 일으켜 소리가 나는 현상이다.

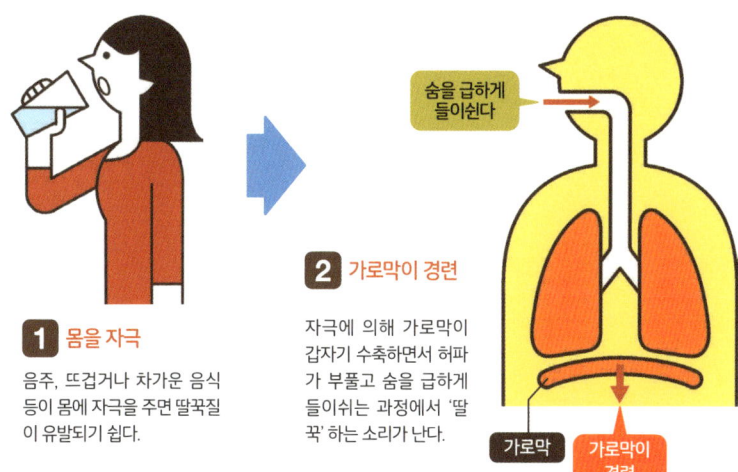

1 몸을 자극
음주, 뜨겁거나 차가운 음식 등이 몸에 자극을 주면 딸꾹질이 유발되기 쉽다.

2 가로막이 경련
자극에 의해 가로막이 갑자기 수축하면서 허파가 부풀고 숨을 급하게 들이쉬는 과정에서 '딸꾹' 하는 소리가 난다.

▶ 딸꾹질 멈추는 법은? (그림2)

사람들의 오랜 경험을 바탕으로 딸꾹질을 멈추기 위한 다양한 방법이 궁리되어왔다.

- 잠시 호흡을 멈춘다

- 찬물을 조금씩 마신다
- 가글한다

- 가슴에 무릎을 가까이 댄다
- 몸을 앞으로 숙인다

 몸의 60% 이상? 인체 내 '수분'의 구조

[몸]

 **세포내액**과 더불어 **조직액·혈장·림프액** 등과 같은 **세포외액**이 있다!

성인의 체중 중 약 60%는 수분으로 이루어져 있다고 알려져 있다. 그렇다면 실제로 인체의 어디에 이렇게 많은 수분이 들어 있을까?

인체 내 수분은 세포내액과 세포외액으로 나뉜다. 세포내액은 몸을 구성하는 각각의 세포 속에 있는 수분이며, 세포외액은 혈장 등 세포막 바깥쪽에 존재하는 액체를 말한다. 체내 환경을 일정하게 유지하기 위해(항상성➡P134), **체액의 약 3분의 2는 세포내액, 3분의 1은 세포외액**으로 구성되어 있으며, 이러한 체액의 균형은 일정하게 조절된다.

수분의 비율은 유아, 성인, 노인에 따라 다르다. 유아는 체중의 약 70%, 노인은 약 50%로, 젊은 사람일수록 수분의 비율이 높다(오른쪽 그림). 노인의 체액 비율이 낮은 이유는 여러 조직의 수분량이 줄어들기 때문이며, 그래서 젊은 사람의 몸이 더욱 탱탱하게 보이는 것이다.

성인의 경우 하루 동안 배출되는 수분은 호흡이나 발한으로 약 0.9L, 배뇨 및 배변으로 약 1.6L이며, 이를 합하면 총 약 2.5L에 이른다. 따라서 **하루에 약 2.5L의 수분을 보충할 필요**가 있다. 평균적인 식사를 통해 약 1L, 체내에서 스스로 생성되는 수분으로 약 0.3L를 섭취할 수 있으므로 나머지 약 1.2L는 음료 등을 통해 보충하는 것이 좋다. 수분의 배출량과 섭취량의 균형이 무너지면 탈수증이나 열중증이 발생할 수 있다.

수분량의 균형을 유지하는 것이 중요

▶ 인체 수분의 비율

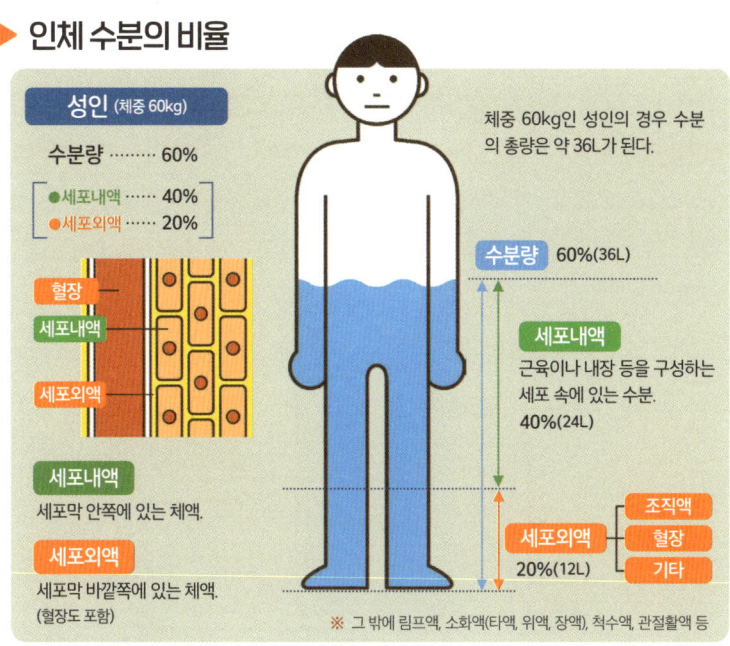

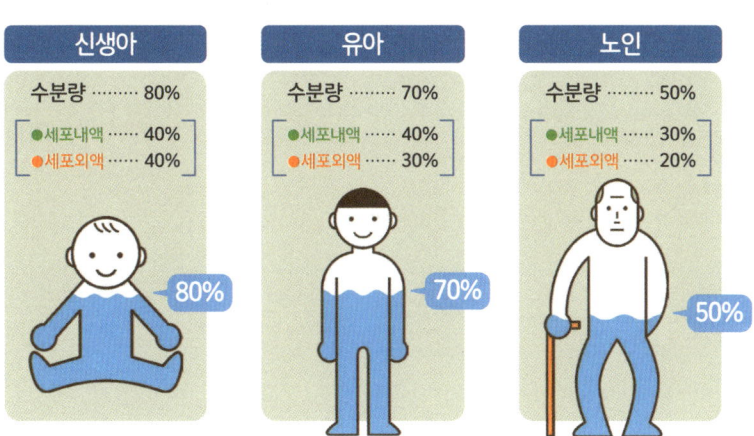

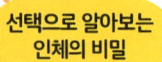

Q. 사람은 물만 마시고 얼마나 살 수 있을까?

> 1주일 정도　or　3~4주일 정도　or　2개월 정도

산이나 바다에서 조난당한 사람이 먹을 것 없이 물만 마신 채 며칠 후에 구조되어 살아났다는 이야기를 들어봤을 것이다. 과연 사람은 음식 없이 물만 마시며 며칠이나 버틸 수 있을까?

사람은 **음식을 통해 영양소를 섭취할 수 없게 되면, 체내에 저장된 당질과 지질을 소비하며 생명을 유지**하게 된다. 먼저 당질은 지질보다 대사 효율이 높기 때문에, 체내의 **포도당**이 우선적으로 에너지원으로 사용된다. 이때 간에 저장되어 있는 글리코겐이 포도당으로 전환되어 소비된다.

포도당을 모두 소모하고 나면, 이번에는 **지질**을 에너지원으로 사용하기 시작한다. 체내에 저장된 지방세포에서 지질이 방출되고, 그것이 미토콘드리아(세포 내에서 에너지를 생성하는 기관)에 의해 분해되어 에너지로 전환된다. 상황에 따라 **근육 등도 에너지원**으로 사용된다. 이러한 과정을 통해 물만으로도 약 3~4주 정도는 생존할 수 있는 것으로 알려져 있다. 참고로 여기에 소금(미네랄)이나 사탕(당분) 등을 함께 섭취하면, 생존 기간은 크게 늘어날 수 있다.

물이 없는 경우도 생각해보자. 사람의 체내 수분은 체중의 약 60%를 차지하며, 세포내액, 혈장, 림프액, 소화액 등으로 구성되어 있다. 이 수분은 몸 구석구석을 순환하면서 영양분을 운반하고, 노폐물을 배출하는 역할을 한다.

또한 사람은 소변, 대변, 호흡 등을 통해 하루 약 2.5L의 수분을 배출한다. 이를 보충하기 위해 같은 양의 수분을 섭취함으로써 체내 수분량을 일정하게 유지한다.

만약 물을 마실 수 없는 상황에 놓이게 되면, 체내 수분이 부족해지고 몸의 활동을 유지하기 어려워져 며칠도 버티지 못하고 사망에 이를 수 있다.

사람이 아무것도 먹지 않으면…

1 당질을 소비
간에 저장된 글리코겐을 포도당으로 전환하여 에너지로 사용한다.

2 지질을 소비
체내에 저장된 지방세포가 지질을 방출하고, 그것이 세포 내에서 분해되어 에너지로 전환된다.

3 기타
근육에 저장된 글리코겐을 포도당으로 전환하여 에너지로 사용하는 등 다양한 방식으로 생명을 유지한다.

45 충치는 왜 생길까?
[치아]

그렇구나! 입속 세균에 의해 당이 분해되면서 산이 생성되어 치아의 칼슘이 녹기 때문!

충치는 치아에 남은 음식 찌꺼기가 세균을 증식시키고, 그 세균이 산성 물질을 만들어내면서 발생한다. 입안의 세균은 모여 치태를 형성하며, 이 세균이 당을 분해해 산을 만들고, 그 산이 치아의 칼슘을 녹여 치아에 구멍을 내는 것이다(그림 1).

충치가 생기면 우선 치아의 **에나멜질**에 구멍이 나고, 그 구멍이 **상아질**에까지 이르면 차가운 음식이 치아에 스며드는 듯한 느낌이 들게 된다. 충치가 **치수**(치아신경)에까지 도달하면 강한 통증을 느끼게 되며, 병이 더 진행되면 치아가 부서져 치근만 남는 상태가 되기도 한다. 이때 치근에서 주변 조직으로 세균이 퍼지면, 치아의 뿌리를 지지하는 조직에 염증이 생길 수 있다. 일반적으로 **에나멜질을 관통하는 데까지는 2~3년, 그다음 상아질을 관통하는 데에는 약 1년이 더 걸리는 것**으로 여겨진다(그림 2).

치태를 방치하면 타액 속 성분과 반응해 치석이 되며, 이는 치아와 잇몸에 염증을 일으키는 **치주병**의 원인이 된다. 치주병은 단순히 치아의 문제에 그치지 않고, 당뇨병을 악화시키거나 전신 건강에도 나쁜 영향을 미친다.

타액에는 세균을 씻어내는 기능이 있으며, 타액에 포함된 칼슘은 에나멜질을 복구하는 **'재석회화'** 작용을 한다. 따라서 치아가 손상되어 에나멜질 표면이 녹아 나온 초기 단계라면, 재석회화를 통해 충치가 치유되기도 한다. 치아의 표면에서는 항상 이러한 재생 작용이 이루어지고 있다.

충치를 방치하면 치아가 빠질 위험이 있다

▶ 충치의 구조 (그림1)

충치가 되기까지는 몇 단계가 있다.

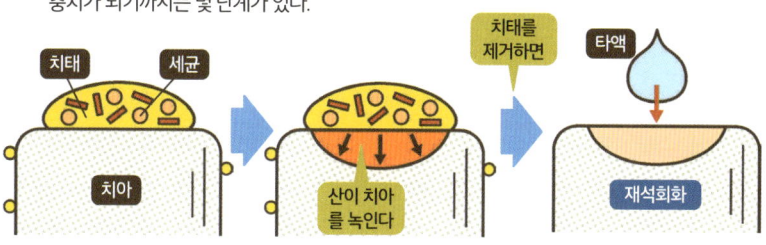

1 치태가 쌓인다
세균이 당을 분해해 끈적끈적한 물질을 만들어내고, 이것이 모여 세균 덩어리인 '치태'를 형성한다.

2 산으로 치아를 녹인다
치태 속의 세균이 당을 분해해 산을 생성하고, 그 산이 치아 표면을 녹인다.

3 타액으로 재석회화
타액에 포함된 석회분이 녹아 손상된 치아를 회복시키기도 하지만, 그 전에 산으로 인해 손상을 받으면 충치가 된다.

▶ 충치란 (그림2)

충치는 입안에 있는 세균이 만들어내는 산에 의해 치아의 칼슘이 녹아, 치아에 구멍이 생기는 질환이다. 심하게 진행되면 치아가 빠질 수도 있다.

충치의 진행

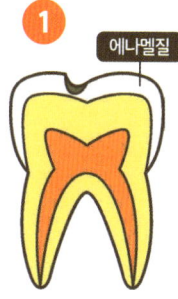
에나멜질에 구멍이 난다.

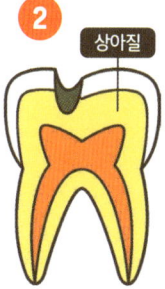
구멍이 상아질에까지 이르면 차가운 것이 치아에 스며들어 시린 느낌이 든다.

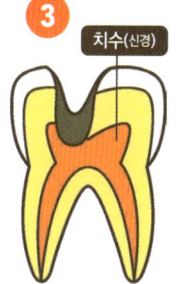
구멍이 치수에까지 이르면 극심한 통증에 시달리게 된다.

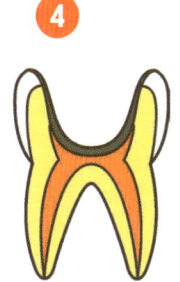
치아 뿌리의 끝부분에 화농이 생기고, 치아가 점차 붕괴되어 결국에는 치아를 잃게 된다.

46 음식물의 영양소는 어떻게 흡수될까?

[위장]

그렇구나! 영양소는 주로 **'작은창자'**에서 흡수된다.
표면적은 테니스코트 크기 정도인 기관!

우리는 식사를 통해 영양소를 섭취한다. 그런데 이 '영양'은 우리 몸의 어떤 기관에서 어떻게 흡수될까?

영양소는 주로 작은창자에서 흡수된다. 작은창자의 지름은 수 cm 정도이고, 길이는 6~7m에 이른다. **작은창자는 샘창자(십이지장), 빈창자, 돌창자**의 세 부분으로 이루어져 있다(오른쪽 그림).

작은창자는 음식물을 소화하고 영양분을 흡수하는 역할을 한다. **소화와 흡수는 장 전체에서 이루어지지만, 영양분의 대부분은 작은창자에서 흡수된다.**

작은창자 안쪽 점막에는 돌림주름이 있으며, 그 위에는 **'융모'**라고 불리는 가느다란 털 같은 돌기가 있어 영양소를 흡수한다. 이 융모의 표면은 더욱 미세한 '미세융모'로 덮여 있다.

융모는 높이가 0.5~1mm 정도인 돌기다. 미세융모의 세포막에는 소화효소가 많이 분포해 있으며, **영양소를 세포막을 통과할 수 있을 만큼 작은 분자 크기로 분해**해 흡수한다. 융모 안에는 모세혈관과 림프관이 있어, 흡수된 영양소는 이들 혈관을 통해 몸속으로 운반된다.

참고로, 미세융모의 표면적은 우리 몸의 피부 표면보다 100배 이상 넓으며, 이는 **테니스코트 한 면**에 해당하는 크기이다. 작은창자는 이처럼 넓은 흡수 면적을 활용해 영양소를 효과적으로 흡수한다.

작은창자란 샘창자, 빈창자, 돌창자를 말한다

▶ 작은창자의 역할

작은창자에서는 음식물의 소화와 영양분의 흡수가 이루어진다. 소화는 주로 샘창자와 빈창자에서, 영양분의 흡수는 작은창자 전체에서 진행된다.

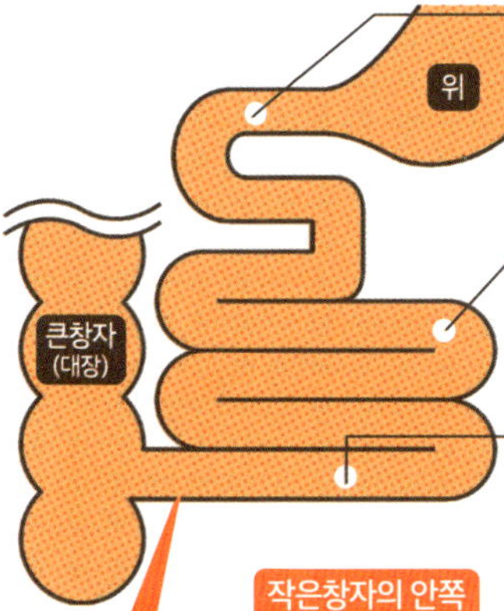

샘창자
위에서부터 약 25cm에 해당하는 부분. 첫 부분에는 융모가 없다. 위에서 소화된 음식물을 더욱 소화하는 역할을 한다.

빈창자
작은창자 전체 중 약 5분의 2에 해당하는 부분. 이 지점까지 잘게 분해된 영양분을 작은창자 안쪽의 융모를 통해 빠짐없이 흡수한다.

돌창자
작은창자 전체 중 약 5분의 3에 해당하는 부분. 큰창자와 연결되며 영양분의 흡수가 이루어진다.

작은창자의 안쪽
작은창자 안쪽의 점막은 융모로 덮여 있으며, 흡수된 영양소가 융모 내부의 모세혈관과 림프관으로 들어간다.

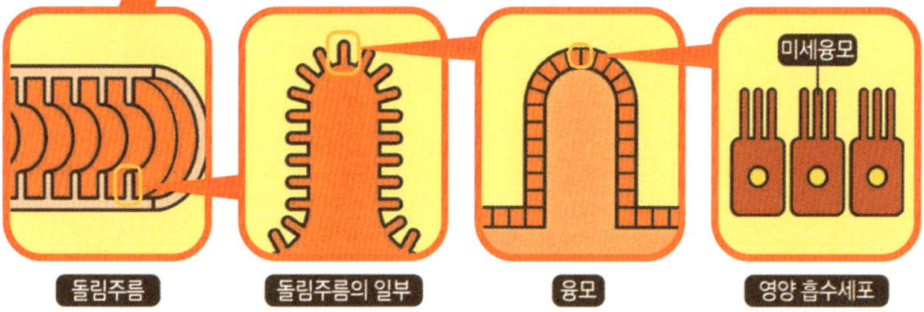

| 돌림주름 | 돌림주름의 일부 | 융모 | 영양 흡수세포 (미세융모) |

작은창자의 안쪽은 주름투성이

작은창자의 안쪽에는 대부분 '주름'이 있으며, 그 주름 위에는 융모가 자라 있고, 융모 표면에는 다시 미세융모가 나 있다. 이러한 구조 덕분에 흡수 면적은 약 200m²에 이른다.

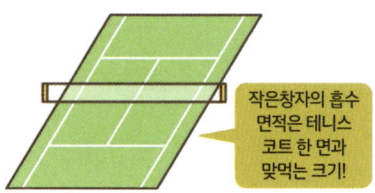

작은창자의 흡수 면적은 테니스 코트 한 면과 맞먹는 크기!

제2장 _ 그렇구나! 인체의 구조

47 [위장] 누워 있는데 음식이 어떻게 위까지 도달할 수 있을까?

식도의 **근육 운동**으로 음식물이 **위로 운반되기 때문!**

입으로 들어온 음식물은 어떻게 위까지 도달할 수 있을까?

식도는 길이 약 25cm에 좌우 직경이 약 2cm인 가늘고 긴 관이다. **음식물은 중력과 식도 근육의 수축에 의한 연동운동을 통해 위로 운반된다.** 많이 먹을 경우에는 중력의 도움이 필요하지만, 소량이라면 옆으로 누운 상태에서도 입으로 역류하지 않고 위까지 전달되는 이유는 바로 이 연동운동 덕분이다(그림 1). 참고로 위와 장 역시 연동운동으로 음식물을 다음 구간으로 보낸다. 식도에서 위로 전달된 **음식물은 위의 연동운동에 의해 잘 섞이면서, 죽처럼 부드러운 상태로 변해간다**(그림 2).

위액은 강한 산성의 염산이 포함되어 있어 살균 작용까지 하는 매우 강력한 물질이다. 그렇다면 왜 위는 이 위액에 의해 녹지 않을까? 그 이유는 위의 점막에서 분비되는 점액이 위 안쪽을 보호하고 있기 때문이다. 다만 점액에 의한 보호는 완벽하지 않아서, 때로는 위산이 위 점막을 소화해버리기도 한다. 그 결과 **위 점막에 염증이나 손상이 생기는데, 이 상태가 바로 위염이나 위궤양**이다.

위염이나 위궤양은 점막 안에 서식하는 **'헬리코박터 파일로리균'** 감염으로 악화되기도 한다. 이 세균은 위 속에 살고 있는 경우가 있으며, 위에서 발생하는 다양한 질환의 원인으로 알려져 있다.

연동운동으로 위액과 음식물이 섞인다

▶ 식도의 구조 (그림1)

음식물이 식도로 들어오면, 연동운동이라 불리는 근육의 수축 작용에 의해 음식물이 다음 구간으로 보내진다. 이러한 움직임은 장에서도 나타나며, 이를 장관운동이라고도 한다.

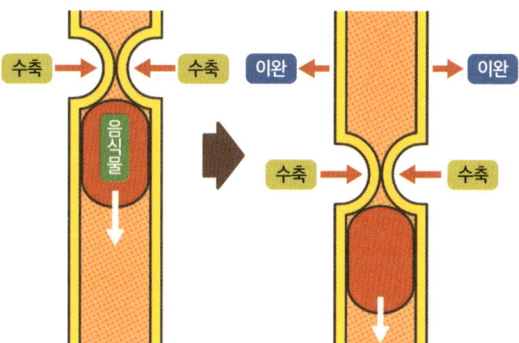

① 식도 벽이 고리 모양으로 수축하면서 음식물을 앞쪽으로 밀어낸다.

② 수축과 이완을 반복하며 위로 음식물을 운반한다.

▶ 위의 연동운동 (그림2)

위는 용량이 약 1.5L인 주머니 모양의 장기로, 여기서 연동운동에 의해 음식물이 위액과 섞여 죽과 같은 상태가 된다.

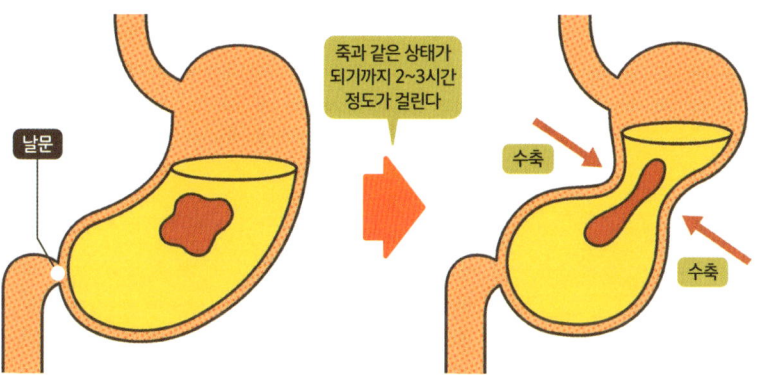

죽과 같은 상태가 되기까지 2~3시간 정도가 걸린다

음식물은 위에 머물며, 이때 위액이 분비된다. 그 과정에서 위의 출구(날문)는 닫혀 있다.

연동운동에 의해 음식물이 죽과 같은 상태가 되면 날문이 열리고 장으로 보내진다.

48 장내세균이란 뭘까? 얼마나 있을까?

[위장]

그렇구나! 사람의 장 속에는 고유한 특징을 가진 **약 100억 개의 세균**이 살고 있다!

사실 사람은 미생물과 공존하며 살아가고 있다. **사람의 장 속에는 약 100억 개에 달하는 장내세균이 살고 있다.** 장내세균은 장에 들어온 음식물을 분해하면서 생긴 영양분을 먹고 살아간다. 그 결과 젖산, 초산, 비타민 등이 생성되며, 장내 환경을 조절하는 역할도 한다(그림 1).

장내세균은 수백 종 이상의 다양한 세균으로 구성되어 있다. **몸에 이로운 '유익균', 해로운 '유해균', 그리고 중간 성질을 띠는 '기회감염균'**이 각각 균형 잡힌 종류와 수를 유지하며 증식하고 있다(그림 2). 이러한 장내세균이 살아가는 분포 양상을 비유적으로 '장 속의 꽃밭'이라는 뜻에서 **'장내 플로라'**라고도 부른다.

평소에는 유익균이 기회감염균과의 균형을 유지하며, 몸에 해로운 유해균이 늘어나는 것을 억제하는 역할을 한다. 하지만 이 균형이 무너지면 유해균이 증가하여 장내 환경이 나빠지고, 전반적인 건강 상태에도 영향을 미치게 된다. 장내 환경의 균형이 무너지는 원인으로는 편식, 스트레스가 많은 생활, 장의 염증, 노화 등이 있다.

장내세균의 구성은 사람마다 다르고, 거주하는 지역에 따라서도 제각각이다. 이러한 차이는 사람마다 다른 체질의 차이와도 관련이 있는 것으로 여겨진다.

장내세균의 구성은 사람마다 제각각

▶ 장내세균의 주요 역할 (그림1)

장내에 서식하는 세균은 크게 사람의 건강에 이로운 '유익균', 해로운 '유해균', 그리고 중간 성질을 띠는 '기회감염균'으로 나뉜다.

감염 방어
균형 잡힌 장내 환경을 유지함으로써 장내의 점막 면역이 제대로 기능하도록 돕는다.

식이섬유 소화
장내세균이 식이섬유를 분해하여, 간접적으로 유익균을 늘리는 데 도움을 준다.

비타민류 생성
유익균은 건강을 유지하는 데 필요한 영양소인 비타민류를 만들어낸다.

▶ 장내세균의 균형 (그림2)

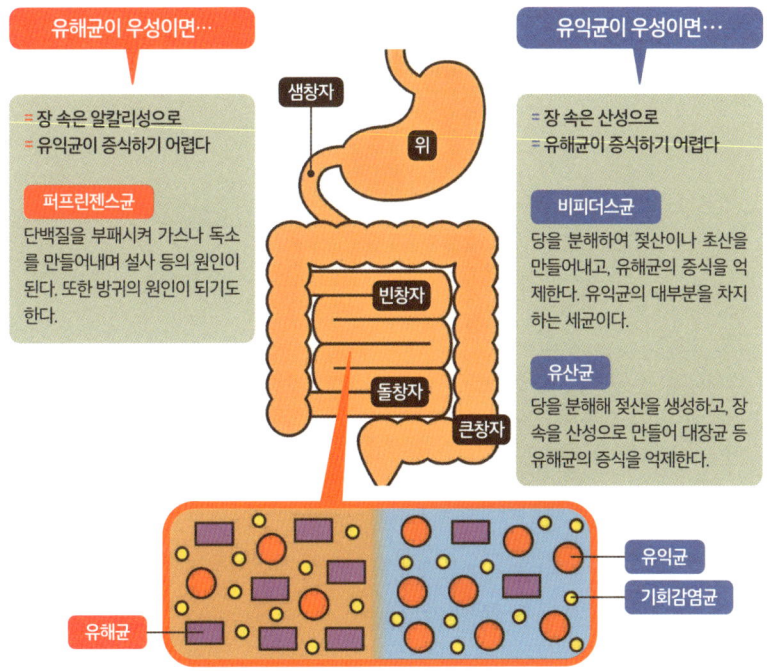

유해균이 우성이면…
= 장 속은 알칼리성으로
= 유익균이 증식하기 어렵다

퍼프린젠스균
단백질을 부패시켜 가스나 독소를 만들어내며 설사 등의 원인이 된다. 또한 방귀의 원인이 되기도 한다.

유익균이 우성이면…
= 장 속은 산성으로
= 유해균이 증식하기 어렵다

비피더스균
당을 분해하여 젖산이나 초산을 만들어내고, 유해균의 증식을 억제한다. 유익균의 대부분을 차지하는 세균이다.

유산균
당을 분해해 젖산을 생성하고, 장 속을 산성으로 만들어 대장균 등 유해균의 증식을 억제한다.

49 장이 '제2의 뇌'라고 불리는 이유는?

[위장]

그렇구나! 장은 **고유의 신경 네트워크**를 지니며, 다양한 작용을 통해 **자율적으로 활동**할 수 있기 때문!

장은 음식물을 소화하고 흡수하는 소화기관일 뿐만 아니라, **병원체로부터 몸을 보호하는 면역기관, 호르몬을 분비하는 기관**으로도 작용하며, 신경도 많이 분포되어 있다.

장을 포함한 소화관에는 신경세포의 네트워크가 퍼져 있으며, 이를 **'장관신경계'**라고 부른다. 이곳에는 약 4억~6억 개의 신경세포가 있는 것으로 알려져 있으며, 이는 뇌와 척수에 이어 **'제2의 뇌'**라고 불릴 정도다(그림 1). 장관신경계의 작용으로 음식물을 이동시키거나 섞는 소화관의 운동, 장내에서의 수분과 나트륨 등의 전해질 이동, 혈류 조절 등이 소화관에서 자율적으로 이루어진다.

장신경계와 장관신경계는 긴밀하게 연결되어 있으며, 서로에게 영향을 주고받는 것으로 여겨진다. 예를 들어 불안이나 긴장을 느낄 때 배가 아픈 경우가 있는데, 이는 장내 환경이 정신 상태에 영향을 미친다는 사실이 알려지기 시작하면서 주목받고 있다. 이러한 쌍방향적 관계는 **'장과 뇌의 상호작용'**이라고 불린다(그림 2). 장에 특별한 이상이 없는데도 강한 스트레스 등으로 인해 복통이나 배변 장애가 생기는 **'과민성장증후군'**이라는 질환은 이러한 장과 뇌의 상호작용 시 일어난 악순환에서 비롯된 것이 아닐까 여겨지고 있다. 장이 뇌를 포함한 몸 전체에 영향을 미치는 메커니즘에 대해서는 현재도 연구가 진행 중이다.

장과 뇌는 긴밀하게 연결되어 있다

▶ **장관신경계란?** (그림1)

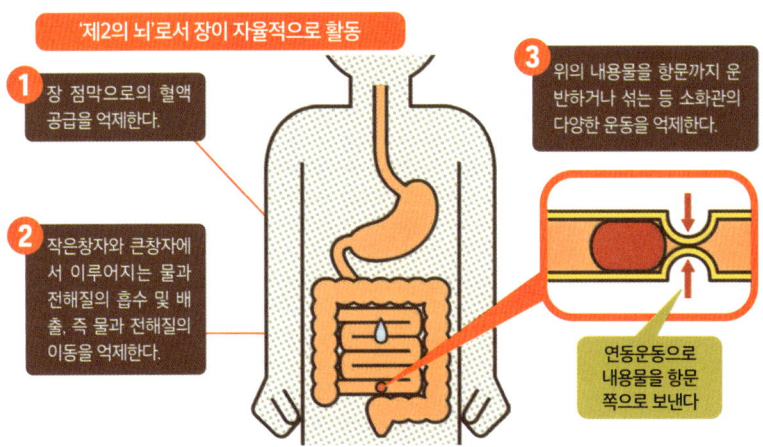

▶ **장과 뇌의 상호작용** (그림2)

장과 뇌가 긴밀하게 연결되어 서로 영향을 주고받는다.

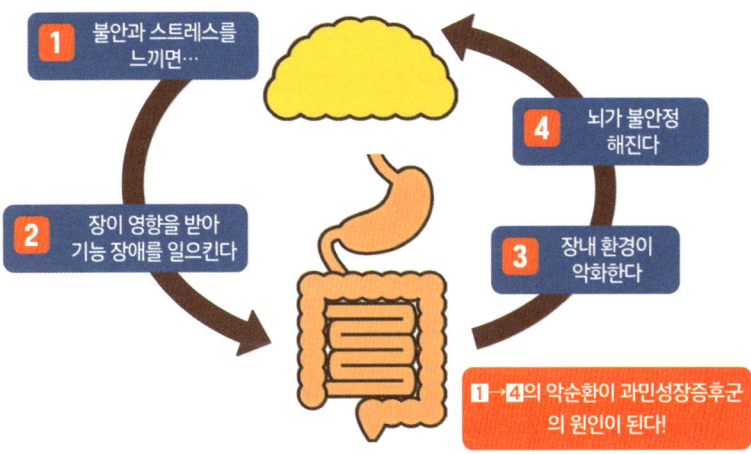

50 지질이란 뭘까? 왜 필요할까?
[지질]

**몸에 필요한 성분이지만
과도하게 섭취하면 해를 끼친다!**

음식의 지방에는 '지질'이 많이 포함되어 있다. 지질은 비만 등의 원인이 될 수 있지만, 세포막 구성이나 호르몬 합성에 꼭 필요한 영양소이기도 하다.

지질은 식사를 통해 몸속으로 흡수된다. 리파아제라는 효소에 의해 지방산과 모노글리세리드(글리세롤 1분자에 지방산 1분자가 결합한 형태)로 분해된다. 이들은 작은창자에서 흡수된 뒤 다시 지방으로 합성되어 피하조직 등에 저장된다. 이렇게 **저장된 지방은 에너지원이자 세포나 신체의 구성물질, 영양 저장물질로서 매우 중요한 역할**을 한다(그림 1).

체지방에는 **피하지방**과 **내장지방**이 있으며, 이들은 다양한 역할을 한다(그림 2). 피하지방은 피부와 근육 사이에 저장되어 추위나 충격 등 외부 자극으로부터 몸을 보호하는 쿠션 같은 역할을 한다. 내장지방은 위장이나 간 등의 내장 주위에 붙은 지방으로, 과도한 내장지방은 만성 염증의 원인이 될 수 있다. 또한, 적절한 양의 지방조직은 식욕 조절에 관여하는 **아디포넥틴** 등의 주요 호르몬을 생성하는 중요한 기관으로 작용한다.

에너지가 부족해지면 먼저 내장지방이 사용되고, 그다음으로 피하지방이 사용된다. **체지방률이 남성은 25%, 여성은 30%를 넘으면 비만**으로 간주되며 건강에 문제가 생길 수 있다.

축적된 지방은 에너지원으로서 중요하다

▶ **지질이란?** (그림1)

지질은 에너지원으로서, 그리고 영양 저장물질로서도 중요한 역할을 한다.

1 지질의 대부분은 샘창자에서 이자에서 분비되는 소화효소(리파아제)에 의해 지방산과 모노글리세리드로 분해된다.

2 분해된 지질은 작은창자에서 흡수된다.

3 흡수된 지질은 피하, 배안, 근육 등의 지방조직으로 운반되어 체지방으로 저장된다.

➡ 지질은 필요에 따라 에너지원으로 소비된다!

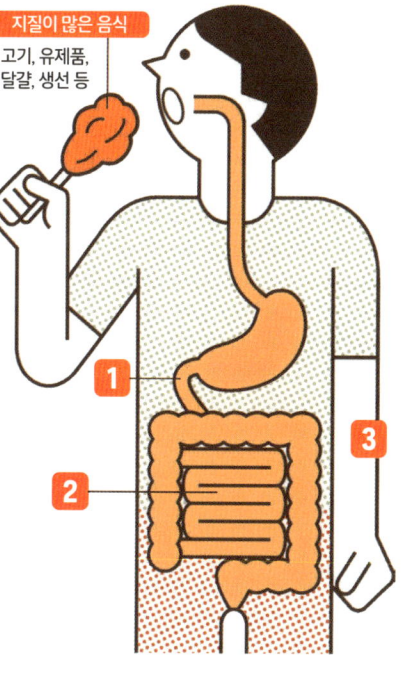

지질이 많은 음식: 고기, 유제품, 달걀, 생선 등

▶ **체지방의 역할은?** (그림2)

- 지방세포가 몸에 필요한 호르몬을 만들어낸다
- 몸에 축적된 지방은 활동하는 에너지원이 된다
- 지방으로 외부의 충격으로부터 내장을 보호한다
- 몸에 축적된 지방으로 체온을 유지한다

51 상처나 뼈는 어떻게 회복될까?
[부상]

**'자연 치유력' 덕분.
세포의 힘에 의해 점차 회복된다!**

손을 베었을 때 상처가 저절로 아문 경험이 있을 것이다. 이처럼 사람의 몸은 병에 걸리거나 다쳤을 때 스스로 회복하려는 힘을 가지고 있다. 이러한 힘을 **'자연 치유력'**이라고 한다.

상처로 인해 **피부가 손상되면**, 상처 부위의 파괴된 혈관에서 혈액 등이 흘러나오게 된다. 그러면 즉시 혈관이 수축하고 혈소판 등이 작용해 지혈이 이루어진다. 또한, 상처를 통해 세균이 침입할 수 있기 때문에 지혈과 동시에 백혈구가 즉시 모여든다.

고름이 찼을 때 나오는 물질은 세균과 싸운 백혈구의 사체와 체액 등으로 이루어져 있다. 동시에 상처의 깊은 부분에서는 피부 세포의 분열이 시작되어 상처가 점차 회복된다. 표면에 흐른 혈액, 체액, 세균의 사체 등은 굳어져 딱지가 된다.

진피의 손상된 부위에는 새로운 섬유아세포가 차오른다. 낡은 조직은 백혈구가 정리하며 제거하고, 이윽고 피부가 회복되어 딱지가 떨어져나가면서 상처는 치유된다(그림 1).

골절 역시 자연 치유력으로 회복된다. 뼈는 수개월마다 교체될 정도로 강한 재생 능력을 지니고 있으며, 뼈형성세포가 모여 부러진 부위를 메워나간다(그림 2). 세포는 필요한 만큼 증식한 뒤, 뼈세포나 섬유세포 등으로 적절히 분화한다. 상처나 골절이 치유되면 세포 증식이 멈추는 이 메커니즘은 인체의 신비 중 하나로 여겨진다.

피부의 상처도 골절도 자연 치유력으로 회복된다

▶ 피부의 상처가 회복되기까지 (그림 1)

상처는 혈소판과 피부의 콜라겐 등을 이용해 자연적으로 회복된다.

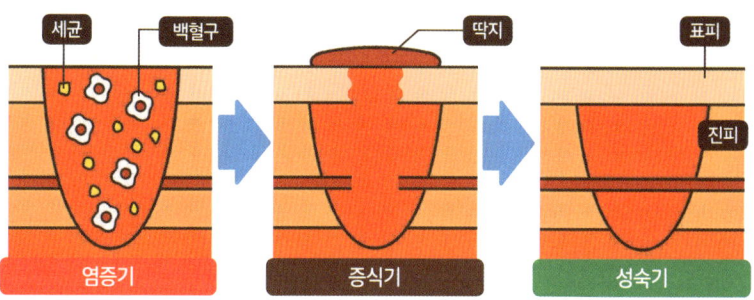

염증기: 손상된 모세혈관에서 흘러나온 혈소판의 작용으로 피가 굳고, 백혈구가 침입한 세균 등을 제거한다.

증식기: 체액 등이 마르면서 딱지가 형성되고, 발달한 모세혈관과 섬유아세포에서 생성된 콜라겐이 손상 부위를 메워나간다.

성숙기: 딱지가 떨어지고 표피가 겉으로는 재생된 것처럼 보여도, 표피 아래 조직에서는 본래 상태로 돌아가기 위한 회복 과정이 계속 진행된다.

▶ 골절이 회복되기까지 (그림 2)

뼈는 '가골'이라는 미성숙한 뼈를 거쳐 자연적으로 회복된다.

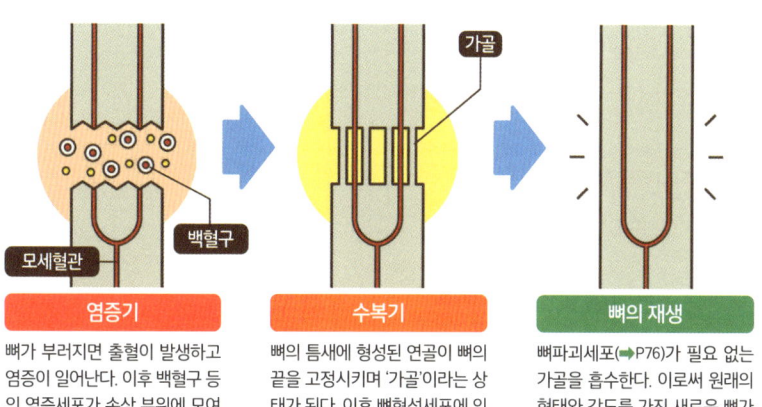

염증기: 뼈가 부러지면 출혈이 발생하고 염증이 일어난다. 이후 백혈구 등의 염증세포가 손상 부위에 모여든다.

수복기: 뼈의 틈새에 형성된 연골이 뼈의 끝을 고정시키며 '가골'이라는 상태가 된다. 이후 뼈형성세포에 의해 점차 뼈로 대체된다.

뼈의 재생: 뼈파괴세포(➡P76)가 필요 없는 가골을 흡수한다. 이로써 원래의 형태와 강도를 가진 새로운 뼈가 형성된다.

52 체내 환경을 조절한다? '호르몬'의 구조
[호르몬]

내분비기관에서 생성되는 물질.
소량으로 **사람의 몸 상태가 크게 바뀐다**!

사람의 몸 상태를 지속적으로 조절하는 데에는 호르몬이 관여한다. 그렇다면 호르몬이란 과연 어떤 물질일까?

호르몬이란 혈액을 통해 세포 간에 신호를 전달하는 화학물질이다. 우리 몸은 외부 환경이나 컨디션의 변화가 일어나도 몸 상태를 일정하게 유지하려는 성질이 있는데, 이를 **항상성**이라 한다. 이 항상성을 유지하는 데 중요한 역할을 하는 것이 **자율신경계**와 **호르몬**이다.

호르몬은 호르몬을 분비하는 내분비샘이나 다양한 세포에서 혈액 속으로 분비된다. 호르몬에는 여러 종류가 있으며, 뇌에는 호르몬 분비의 중추인 뇌하수체가 있다. 뇌하수체는 **'자극 호르몬'**을 분비하여 각 내분비샘에 신호를 보내고, 그 명령에 따라 내분비샘은 각종 호르몬을 생성하게 된다.

또한 지방조직에서는 아디포카인(지방조직에서 분비되는 호르몬의 총칭), 근육에서는 마이오카인(근육에서 분비되는 호르몬의 총칭)이라는 호르몬이 분비된다.

호르몬은 체중 1kg당 100만분의 1g 정도의 극소량으로도 큰 작용을 일으킨다. 신경은 신경세포가 직접 도달하는 곳에 명령을 전달하지만, 호르몬은 혈류를 타고 이동해 멀리 떨어진 다양한 세포에 특정한 작용을 미친다는 점에서 차이가 있다.

호르몬은 여러 가지 작용을 일으킨다

▶ 내분비샘에서 분비되는 주요 호르몬

호르몬은 몸의 상태를 일정하게 유지하는 작용을 조절하는 화학물질이다. 혈액을 통해 운반되어 특정 장기나 신체의 기능에 영향을 미친다.

뇌하수체

성장호르몬
아미노산을 모아 단백질을 만들고, 뼈의 성장을 촉진하는 등 몸의 성장을 돕는다.

기타 내분비샘을 자극하는 호르몬
갑상샘, 지라, 부신, 생식샘 등에 호르몬을 분비하도록 명령한다.

갑상샘(부갑상샘)

티록신
기초대사를 활발하게 하여 성장을 촉진한다.

파라토르몬
혈액 속의 칼슘 농도를 조절한다. 부갑상샘에서 분비.

생식기

남성호르몬
생식기나 뼈대근육을 발달시키는 등 남성다운 몸을 만든다. 정소에서 분비.

여성호르몬
난자 생성을 활발하게 하고 여성스러운 몸을 만든다. 난소에서 분비.

이자의 랑게르한스섬

글루카곤
간에 저장된 글리코겐을 당으로 분해해 혈당치를 높이는 역할을 한다.

인슐린
혈중 당의 소비를 촉진하는 등 혈당치를 낮추는 역할을 한다.

부신

부신겉질호르몬
염증 억제, 대사 등 많은 기능을 하는 호르몬.

부신속질호르몬
미네랄 농도와 혈압을 조절하는 호르몬.

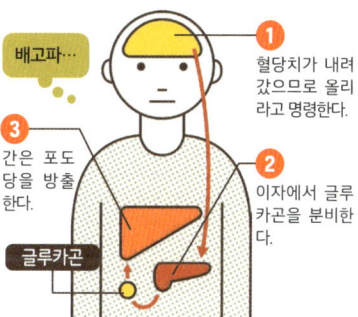

배고파…

① 혈당치가 내려갔으므로 올리라고 명령한다.
② 이자에서 글루카곤을 분비한다.
③ 간은 포도당을 방출한다.

글루카곤

인공수정이란 어떤 원리일까?

[신기술]

자궁 내에 정자를 주입하는 '인공수정'과
체외에서 수정란을 만드는 '체외수정'이 있다!

인위적으로 수정이 이루어지는 구조인 '인공수정'. 요즘은 일상에서 자주 들을 수 있게 되었지만, 과연 이는 어떤 원리로 이루어질까?

인공수정은 크게 두 가지로 나뉜다. 하나는 정자를 여성의 자궁 안에 직접 주입하는 **'인공수정'**, 다른 하나는 체외에서 난자와 정자를 수정시킨 후, 수정란을 자궁 안에 되돌려 넣는 **'체외수정'**이다.

'인공수정'은 채취한 정자를 자궁 내에 주입해 수정을 유도하는 방법이다. 인위적으로 체내에 넣는 것 외에 이후 과정은 자연 임신과 동일하게 진행된다.

'체외수정'은 체내에서 꺼낸 난자와 정자가 수정될 수 있도록 도와주고, 그 수정란을 배양액에서 일정 기간 키운 뒤 자궁에 되돌려 넣는 방법이다(오른쪽 그림). 이때 수정은 난자와 정자를 배양액에 함께 넣어 자연스럽게 수정을 기다리는 방식 외에, 현미경을 보며 유리 바늘로 정자를 난자에 직접 주입하는 '현미수정' 방식 등 몇 가지 방법이 있다.

1978년, 세계 최초의 시험관아기 탄생을 계기로 이러한 생식 보조 의료 기술은 비약적으로 발전하고 보급되었다. 그러나 과학의 발전과 함께 인공수정으로 만들어진 수정란의 유전자를 조작하는, 이른바 '디자이너 베이비'가 윤리적인 문제로 떠오르고 있다.

1978년에 세계 최초의 시험관아기 탄생

▶ 체외수정 과정

아래와 같은 과정에서 인위적으로 수정을 보조한다.

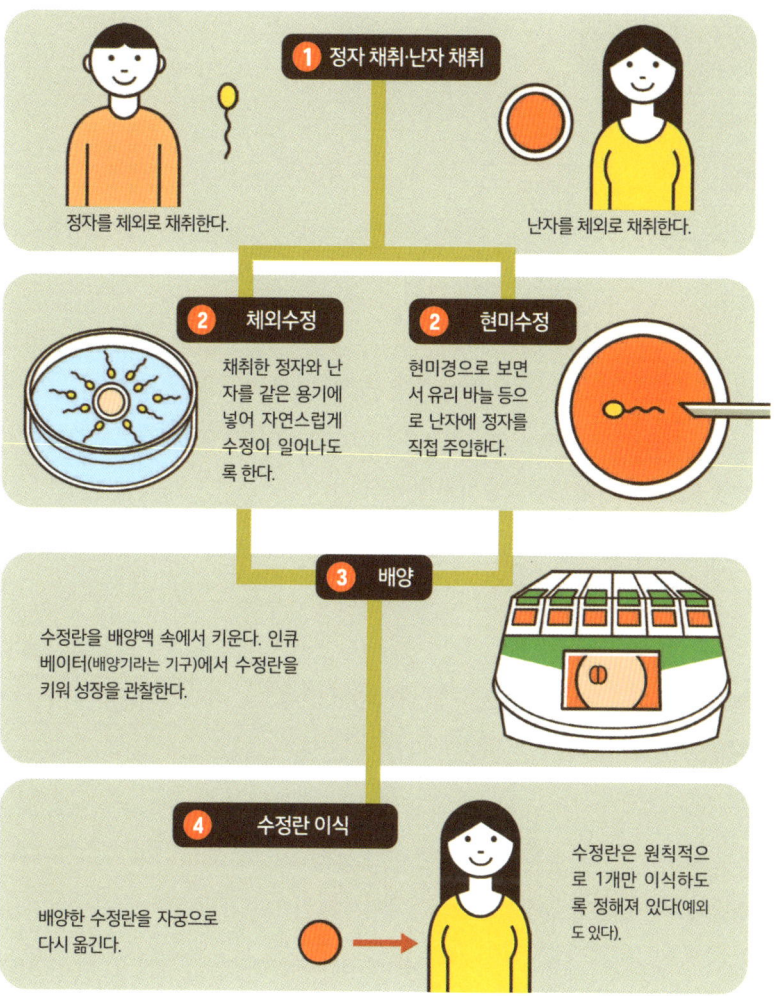

① 정자 채취·난자 채취
- 정자를 체외로 채취한다.
- 난자를 체외로 채취한다.

② 체외수정
채취한 정자와 난자를 같은 용기에 넣어 자연스럽게 수정이 일어나도록 한다.

② 현미수정
현미경으로 보면서 유리 바늘 등으로 난자에 정자를 직접 주입한다.

③ 배양
수정란을 배양액 속에서 키운다. 인큐베이터(배양기라는 기구)에서 수정란을 키워 성장을 관찰한다.

④ 수정란 이식
배양한 수정란을 자궁으로 다시 옮긴다.

수정란은 원칙적으로 1개만 이식하도록 정해져 있다(예외도 있다).

흥미로운 인체 이야기 5

사람의 몸을 냉동 보존하는 게 정말 가능할까?

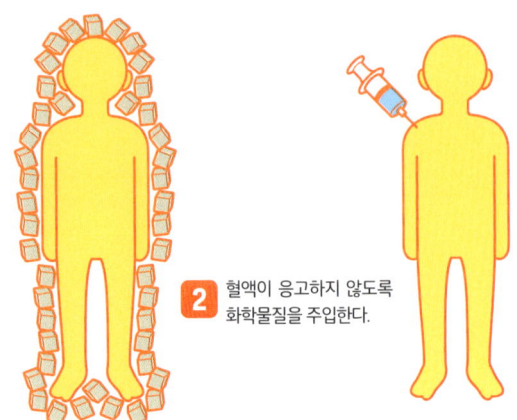

현재의 인체 냉동 보존 기술

1. 사후에 신속히 얼음물로 몸을 냉각시켜 뇌에 산소와 혈액을 공급하기 위한 처치를 시행한다.

2. 혈액이 응고하지 않도록 화학물질을 주입한다.

세계에서는 -196℃의 극저온에서 인체를 냉동 보존하는 실험이 시행된 바 있다. 그러나 유감스럽게도 **현재의 기술로는 냉동된 인체를 해동해 소생시키는 것은 불가능하며, 사망한 사람을 냉동 보존하는 형태로만** 이루어지고 있다. 이는 현재 의료 기술로는 치료할 수 없는 몸을 미래 의학이 발전하여 소생 기술이 완성되는 시점에 해동해 치료하려는 시도로 시행되고 있는 것이다.

단순히 사람을 냉동시키면 체내 수분이 얼어 **얼음 결정이 생기고, 이 결정이 세포를 파괴해 장기를 손상시킨다.** 실제 인체 냉동 보존에서는 세포 손상을 막기 위해 혈액을 동결방지제로 대체한 뒤 냉동한다(위 그림). 매우 고난도의 기술이지만, 미래에는 사람의 몸을 살아 있는 상태로 냉동했다가 원래대로 되돌릴 수 있는 날이 올까?

흥미로운 연구가 있다. 장기 이식용 장기의 보존 기간을 늘리기 위한 연구로, **얼음 결정에 의한 손상을 억제해 -4℃까지 냉각하는 기술**이 개발되었다. 기존에는 장기 이식용 간의 보존 기간이 9시간에 불과했지만, 이 기술을 통해 최대 27시간까지 연

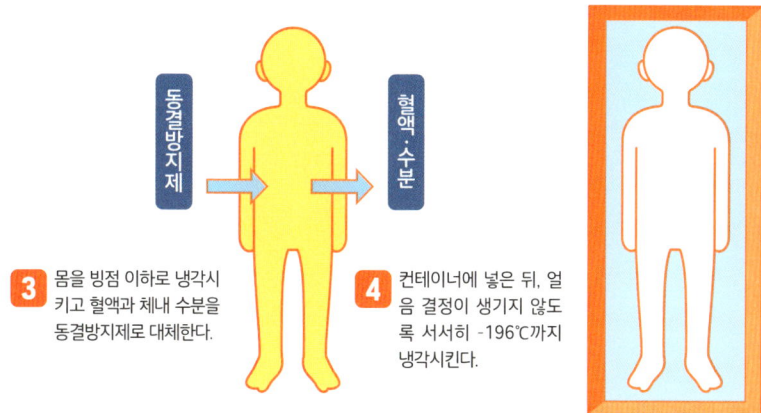

③ 몸을 빙점 이하로 냉각시키고 혈액과 체내 수분을 동결방지제로 대체한다.

④ 컨테이너에 넣은 뒤, 얼음 결정이 생기지 않도록 서서히 -196℃까지 냉각시킨다.

장할 수 있었고, 해동한 간도 정상적으로 기능한 것으로 보고되었다(단, 현재 이 기술을 실제 장기 이식에 사용하는 사례는 없다). 이러한 기술의 연장선상에서 언젠가 인체의 냉동 보존 역시 실현될 수 있을지도 모른다.

또 한 가지 예로, 시베리아의 영구동토층에서 얼어붙은 선충(실 모양의 생물)이 발견되어, 연구자에 의해 2만 4,000년 만에 소생하는 데 성공했다. 이 선충과 완보동물(곰벌레)은 **'크립토바이오시스'라는 무대사 상태에서 생존할 수 있는 능력**이 있다.

이 능력은 생물이 건조 지대 등 가혹한 환경에서도 생존할 수 있도록 진화 과정에서 갖추게 된 것으로 여겨진다. 같은 능력을 지닌 곤충 **폴리페디룸 반데르플란키**는 체내 수분의 97%가 사라져도 생존이 가능하다. 반면 인간은 체내 수분이 10%만 부족해도 사망 위험이 있기 때문에 이 능력을 그대로 응용하는 것은 불가능하다. 그러나 이러한 기술의 연장선상에서, 언젠가는 대사 활동을 억제한 상태로 몇 광년 떨어진 별까지 여행하는 일도 가능해질지 모른다.

의학 위인 2

전염병의 예방법과 치료법을 개발
기타자토 시바사부로
(1853-1931)

기타자토 시바사부로는 전염병의 예방과 치료법 개발에 힘쓴 인물이다. 구마모토에서 태어나 구마모토의학교에서 네덜란드인 의사 만스펠트의 지도를 받았고, 32세에 독일로 유학을 떠나 세균학자 로베르트 코흐의 문하에서 연구를 이어갔다.

당시 세계의 사람들은 전염병으로 고통받고 있었다. 코흐는 전염병의 원인이 미생물 감염에 있다는 사실과 각각의 전염병마다 고유한 병원균이 존재한다는 점을 밝혀냈다. 그는 순수 배양이라는 방법을 통해 결핵균, 콜레라균 등 전염병을 일으키는 병원체를 하나하나 밝혀나갔다. 이러한 코흐의 지도로, 기타자토는 파상풍균의 순수 배양에 성공했으며, 나아가 '혈청요법'이라는 파상풍 치료법도 개발했다.

기타자토는 파상풍에 감염되어 면역을 획득한 동물의 혈청이 파상풍 독소를 중화한다는 사실을 발견했다. 그는 그 혈청에 포함된 독소를 억제하는 물질을 '항독소'라 명명했다. 이는 오늘날로 말하자면 '항체'에 해당하는 개념이다. 기타자토가 제시한 항독소의 개념은 인체로 하여금 특정 병원체에 대한 항체를 만들어 내게 하는 백신 개발로도 이어지는 중요한 토대가 되었다.

기타자토는 39세에 일본으로 돌아와 전염병 연구소를 설립했다. 그는 페스트균을 발견하고, 독소 연구나 쥐 퇴치 등 도시를 청결하게 만드는 활동을 통해 공중위생의 개념을 널리 알렸다. 또한, 세균학자 시가 기요시가 적리균을 발견하도록 지도하는 등 많은 후학을 길러냈다.

제 3 장

아하!
사람의 뇌, 신경, 유전자

사람의 몸은 신비로움으로 가득 차 있다.
그중에서도 특히 수수께끼에 싸인 '뇌', '신경', '유전자'에 대해
최신 연구 성과를 바탕으로
그 구조와 작동 원리를 소개한다.

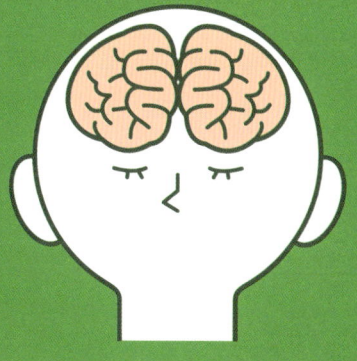

54 사람의 '뇌'는 어떤 구조일까?

[뇌]

그렇구나! 대뇌, 소뇌, 뇌줄기 이 세 부분이 뇌의 주요 부위. 정신 활동, 운동, 생명 유지에 중요한 역할을 담당한다!

우리의 '뇌'는 어떤 구조로 이루어져 있을까? 뇌의 구조는 크게 세 부분으로 나눌 수 있다(오른쪽 그림).

첫 번째로 **대뇌**는 다른 동물에 비해 매우 크게 발달한 부분이다. 표층에는 뇌 전체 무게의 약 40~50%를 차지하는 대뇌겉질이 있다. 이 부분은 사고를 포함한 고도의 정신 활동, 기억, 언어, 감각 등을 담당하는, 이른바 **'지적 활동**'의 중심이다.

두 번째는 후두부에 자리한 **소뇌**로, 주로 **운동을 조절**하는 역할을 한다. 대뇌도 운동에 대한 명령을 내리지만, 소뇌가 손상되면 제대로 걸을 수 없다. 소뇌는 근육의 움직임을 정교하게 조절하고, 움직임이 빠르고 능숙하게 이루어지도록 지시한다.

세 번째는 **뇌줄기(뇌간)**다. 뇌줄기는 숨뇌, 사이뇌(시상과 시상하부), 중간뇌, 그리고 다리뇌로 이루어져 있다. 숨뇌는 호흡과 심장의 활동을 조절하고, 사이뇌는 체온, 호르몬 분비, 식욕, 수면 등을 조절한다. 중간뇌는 안구 운동과 청각 중추를 담당하며, 다리뇌는 대뇌와 작은뇌 사이의 정보를 연결한다. 이처럼 뇌줄기는 **생명 유지를 위해 꼭 필요한 기능**들을 수행한다.

이렇듯 뇌는 정신 활동, 운동, 그리고 생명을 유지하는 데 없어서는 안 될 기능을 수행하는 '사람의 사령탑'이다. 뇌는 심신과 함께 생명을 지탱하는 중요한 기관이기 때문에, 체중의 2~3%에 불과한 무게임에도 심장에서 보내지는 혈액의 약 15%를 소비할 만큼 많은 에너지가 필요하다.

인체를 조절하는 사령탑

▶ 뇌의 구조

뇌의 구조는 크게 대뇌, 소뇌, 뇌줄기로 나뉜다. 아래 그림은 뇌의 중심부를 깊게 파고든 고랑을 따라 좌우로 나눈 단면을 나타낸 것이다.

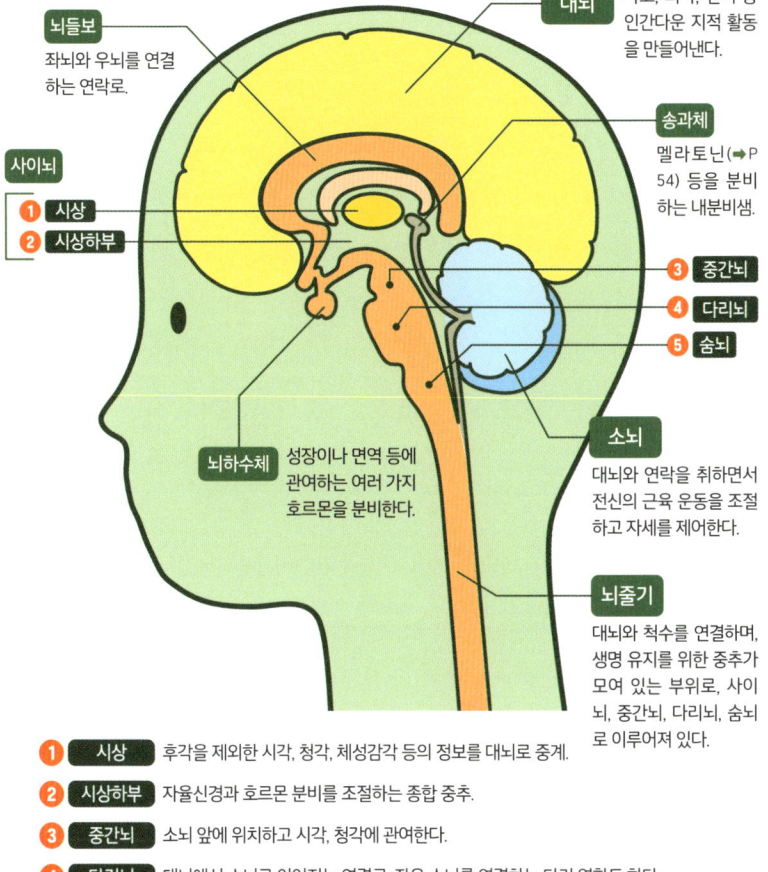

뇌들보 좌뇌와 우뇌를 연결하는 연락로.

대뇌 사고, 의사, 언어 등 인간다운 지적 활동을 만들어낸다.

송과체 멜라토닌(➡P 54) 등을 분비하는 내분비샘.

사이뇌
① 시상
② 시상하부

③ 중간뇌
④ 다리뇌
⑤ 숨뇌

뇌하수체 성장이나 면역 등에 관여하는 여러 가지 호르몬을 분비한다.

소뇌 대뇌와 연락을 취하면서 전신의 근육 운동을 조절하고 자세를 제어한다.

뇌줄기 대뇌와 척수를 연결하며, 생명 유지를 위한 중추가 모여 있는 부위로, 사이뇌, 중간뇌, 다리뇌, 숨뇌로 이루어져 있다.

① **시상** 후각을 제외한 시각, 청각, 체성감각 등의 정보를 대뇌로 중계.
② **시상하부** 자율신경과 호르몬 분비를 조절하는 종합 중추.
③ **중간뇌** 소뇌 앞에 위치하고 시각, 청각에 관여한다.
④ **다리뇌** 대뇌에서 소뇌로 이어지는 연결로. 좌우 소뇌를 연결하는 다리 역할도 한다.
⑤ **숨뇌** 호흡, 순환 등 생명 유지에 관여하는 중추신경계가 있다.

55 우뇌와 좌뇌의 차이는?
[뇌]

좌뇌에 **언어 영역**이 있지만, 실제로는 좌우 뇌가 **항상 협력**하여 활동한다!

흔히 계산이나 언어 등 논리를 중시하는 사람을 좌뇌형, 감정이나 감각을 중시하는 사람을 우뇌형이라고 부르는데, 두 유형에는 어떤 차이가 있을까?

뇌를 마루 부위에서 보면 좌우로 나뉘어 있으며, **자기 기준으로 오른쪽은 우뇌, 왼쪽은 좌뇌**에 해당한다. 양쪽 뇌 사이에는 약 2억 개의 신경섬유 다발로 이루어진 뇌들보가 있어, 좌뇌와 우뇌를 연결하며 정보를 긴밀하게 교환한다. 뇌들보 아래쪽에 있는 숨뇌에서는 뇌에서 내려가는 신경다발이 좌우로 교차하기 때문에, 뇌는 몸의 반대쪽을 지배하게 된다(오른쪽 그림).

미국의 생리학자 스페리는 뇌 질환으로 인해 뇌들보를 절단하는 이단뇌 수술을 받은 환자들을 연구하여 좌뇌와 우뇌가 위치에 따라 서로 다른 기능을 가지고 있다는 사실을 밝혀냈다. 특히 **좌뇌는 언어 기능과 관련이 깊다는 것도 밝혀져**, 이후 '**좌뇌는 언어뇌**'로 알려지게 되었다.

그런데 사람의 언어 기능을 담당하는 '언어 영역'은 대부분의 오른손잡이와 약 30~50%의 왼손잡이가 좌뇌에 위치하지만, **사람에 따라서는 우뇌에 있기도 하다**. 좌뇌와 우뇌의 기능 차이는 절대적인 것이 아니라 상대적인 차이로 여겨진다.

좌우 뇌는 서로 다른 기능을 가지고 있으면서도 항상 상호 간에 정보를 주고받는다. 뇌는 좌우가 하나의 시스템으로 통합되어 작동한다.

대부분 좌뇌에 언어 영역이 위치한다

▶ 우뇌와 좌뇌의 역할은?

우뇌는 왼쪽 몸의 운동 기능과 감각을, 좌뇌는 오른쪽 몸의 운동 기능과 감각을 담당하고 있다. 이는 숨뇌에서 신경이 교차하기 때문이며, 이를 '피라미드 교차'라고 한다.

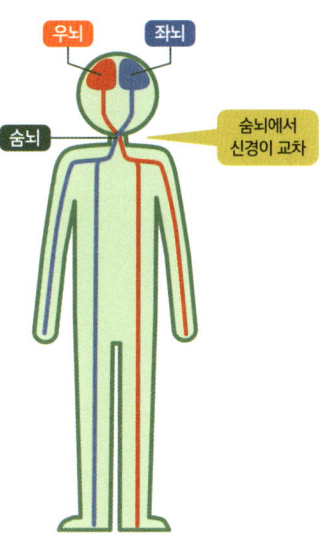

언어 영역이란?

사람의 언어 기능을 담당하는 대뇌겉질의 영역에는, 언어를 말하거나 쓰는 데 관여하는 운동성 언어 영역과 언어를 읽거나 듣고 이해하는 감각성 언어 영역 등이 있다.

청각

청각에서는 좌우의 정보를 통합한 뒤, 신호를 나누어 전달한다. 일반적으로 오른쪽 귀에서 들은 소리는 주로 좌뇌로, 왼쪽 귀에서 들은 소리는 주로 우뇌로 전달된다.

시각

오른쪽 시야에서 들어온 영상 정보는 좌뇌로, 왼쪽 시야에서 들어온 영상 정보는 우뇌로 전달된다.

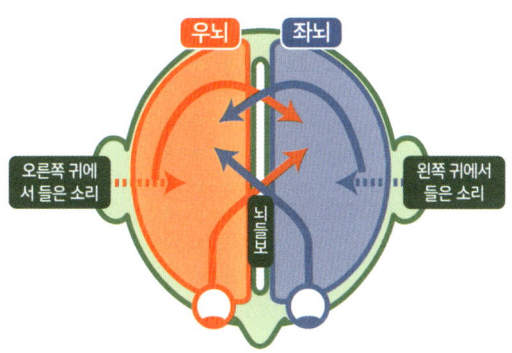

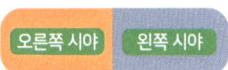

흥미로운 인체 이야기 6

사람은 뇌의 10%밖에 사용하지 않는다?

흔히 '사람은 뇌의 10%밖에 사용하지 않는다'고 한다. 그렇다면 왜 나머지 90%는 사용하지 않는 것일까? 반대로 말하면, 인간은 아직 사용하지 않은 90%의 잠재력을 지니고 있다는 뜻이기도 하며, 그 능력을 해방하고 싶은 욕구가 생기기도 한다. 이러한 설정은 영화의 소재로도 자주 활용된다.

사실 '사람은 뇌의 10%밖에 사용하지 않는다'는 말은 여러 면에서 근거가 부족한 주장이다. 검사 장비의 발달로, 인간의 활동에 따라 뇌 전체가 활발히 작용한다는 사실이 밝혀졌다. **일상적인 생활 속에서도 사람은 뇌의 모든 부분을 사용**하고 있으며, 뇌는 항상 활발히 활동하고 있다.

또한 뇌의 무게는 체중의 약 2%에 불과하지만, 하루 동안 소비하는 에너지의 약 20%를 사용한다. 만약 뇌가 10%밖에 사용되지 않는다면, 그렇게까지 많은 에너지를 필요로 하지는 않을 것이다.

'뇌의 10% 신화'와 같은 말은 왜 생겨나게 되었을까? 일설에 따르면, 그 배경에는 **'글리아세포'**가 관련되어 있다고 여겨진다.

글리아세포란 신경세포와 함께 뇌의 대부분을 이루는 세포로, 과거에는 신경세포가 뇌의 10%를 차지하고, 나머지 90%는 글리아세포가 차지한다고 여겨져왔다. 글리아세포의 역할이 오랫동안 밝혀지지 않았기 때문에 '뇌의 10% 신화'가 생겨난 것일지도 모른다.

참고로 이 글리아세포의 역할은 점차 밝혀지고 있다. 예를 들어 **①신경세포의 위치를 고정하고 ②신경세포에 영양과 산소를 공급하며 ③뇌의 노폐물과 죽은 신경세포를 제거**하는 등의 기능을 담당한다(아래 그림). 사람은 수면 중에 뇌에서 노폐물을 배출하여 기능을 유지하는데, 이 과정에 글리아세포가 관여하는 것으로 여겨지고 있다(글림파틱 시스템➡P30). 글리아세포가 뇌의 기능을 좌우할 수도 있다고 생각하는 연구자도 있을 정도이다.

현재에도 뇌에 대한 모든 것이 밝혀진 건 아니다. 뇌에는 아직 무한한 수수께끼와 가능성이 잠들어 있다.

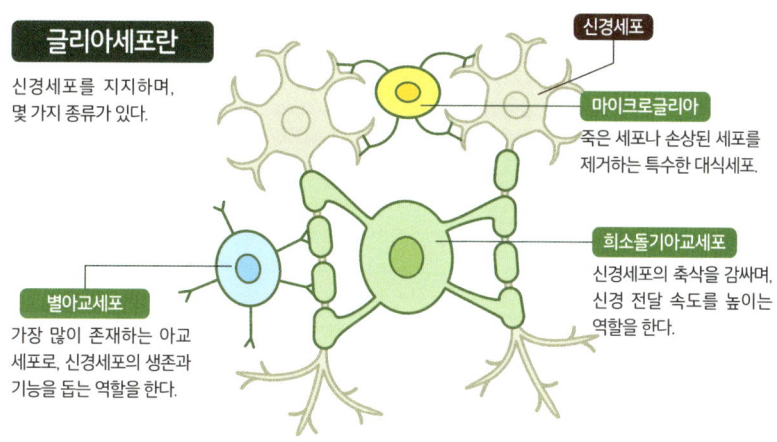

글리아세포란
신경세포를 지지하며, 몇 가지 종류가 있다.

신경세포

마이크로글리아
죽은 세포나 손상된 세포를 제거하는 특수한 대식세포.

희소돌기아교세포
신경세포의 축삭을 감싸며, 신경 전달 속도를 높이는 역할을 한다.

별아교세포
가장 많이 존재하는 아교세포로, 신경세포의 생존과 기능을 돕는 역할을 한다.

제3장 _ 아하! 사람의 뇌, 신경, 유전자

56 사람은 과연 어느 정도까지 기억할 수 있을까?
[기억]

그렇구나! 단기 기억은 짧은 시간 안에 사라진다. 반면, 평생 유지되는 장기 기억도 존재한다!

사람은 과연 어느 정도까지 '기억'할 수 있을까?

기억은 주변 정보를 기억하고(**기명**), 기억한 정보를 잊지 않도록 **유지**하며, 필요에 따라 유지한 정보를 떠올리는(**상기**) 작업이다(그림 1). 새로운 정보는 우선 단기 기억에 저장되지만, 그대로 두면 단시간에 사라진다. 반복해서 떠올리거나 다른 지식과 연결하면, 장기 기억으로 전환된다(그림 2). 장기 기억이 고정되면 수개월에서 평생 동안 유지될 수 있다. 어린 시절 외운 노래를 부를 수 있는 것처럼 좀처럼 잊히지 않는 기억도 존재한다.

기억은 신경세포 하나하나에 보존되는 것이 아니다. **신경세포들은 서로 연결되어 네트워크를 형성하며, 그 네트워크가 각각 하나의 기억이 된다.** 수천억 개에 이르는 신경세포는 서로 다수의 쌍으로 연결되어 있으며, 이 연결 부위인 시냅스(신경세포의 접합 부위)는 셀 수 없을 만큼 많다. 이러한 시냅스는 뇌의 활동에 따라 끊임없이 변화하기 때문에, 기억 용량의 상한을 정확히 측정하는 것은 어렵다.

잘 구성된 기억의 구조이지만, '망각'도 일어난다. **망각은 기명, 유지, 상기 중 어느 한 과정에 장애가 생겼을 때 발생한다.** 가령 어떤 순간에 이름이 떠오르지 않는 '건망'은 일시적인 상기 장애로, 정보는 머릿속에 남아 있지만 꺼내지 못하는 상태다.

언어로 설명할 수 있는 기억과 설명할 수 없는 기억

▶ 기억의 구조 (그림1)

기억은 '기명', '유지', '상기'라는 3가지 과정으로 이루어져 있다. 망각은 이 세 과정 중 어느 한 부분에서 장애가 생길 때 발생한다.

1 기억한다(기명)
눈이나 귀를 통해 들어온 정보를 기억한다.

2 기억을 유지한다
새로 기억한 정보를 잊어버리지 않도록 유지한다.

3 기억해낸다(상기)
필요에 따라 유지한 정보를 기억해낸다.

▶ 단기 기억과 장기 기억 (그림2)

기억은 크게 단기 기억과 장기 기억으로 나눌 수 있다(➡P150).

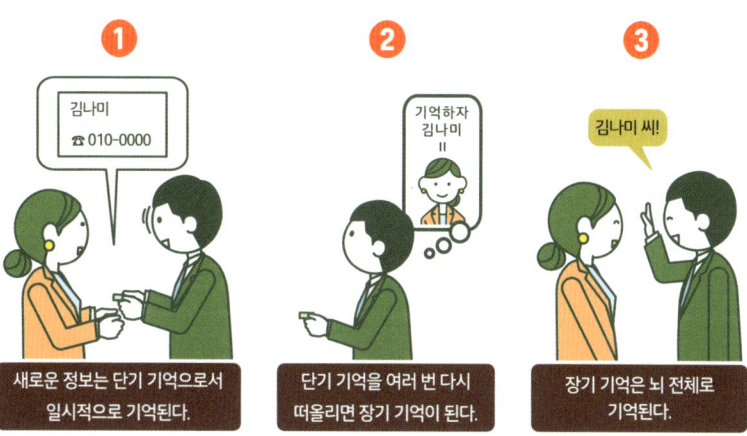

① 새로운 정보는 단기 기억으로서 일시적으로 기억된다.

② 단기 기억을 여러 번 다시 떠올리면 장기 기억이 된다.

③ 장기 기억은 뇌 전체로 기억된다.

57 사람은 왜 자전거 타는 법을 잊어버리지 않을까?

[기억]

몸이 기억하는 **절차 기억**에 의해 저장되기 때문. 절차 기억은 **장기 기억**의 한 종류다!

우리가 일상생활에서 얻는 정보는 뇌에 기억으로 저장되지만, 기억이라고 해도 그 형태에는 여러 가지 종류가 있다.

기억은 뇌에 남아 있는 시간에 따라 크게 **단기 기억**과 **장기 기억**으로 나눌 수 있다(그림 1). **전화번호를 일시적으로 기억하는 등 필요가 끝나면 곧 잊어지는 기억이 단기 기억이며, 오랫동안 뇌에 유지되는 기억이 장기 기억**이다.

장기 기억에는 **의미 기억**(이름이나 뉴스 정보 등)이나 **에피소드 기억**(친구와의 교류나 여행의 추억 등)이 있다. 이들은 언어로 설명할 수 있는 기억으로, '**진술 기억**'이라고도 한다.

한편, 우리는 한번 자전거 타는 법을 익히면 언제든지 다시 탈 수 있다. 흔히 이를 '몸이 기억한다'고 표현하기도 한다. 이러한 장기 기억은 **절차 기억**이라고 불린다(그림 2). 몸으로 기억하는 절차 기억은 '언어로 표현하기 어렵다'는 특징이 있어, '**비진술 기억**'이라고도 불린다. 장인이나 연주가는 매일 수업이나 연습을 반복하며, 몸에 기억을 새겨 넣는 방식으로 기술을 습득한다.

절차 기억은 반복적인 연습 등을 통해 동작을 기억해나가는 방식이다. 예를 들어, 타자라면 공을 쳐내는 동작을 일일이 의식적으로 처리하지 않더라도, 연습을 통해 몸이 자연스럽고 적절하게 반응하게 된다. 이러한 언어화하기 어려운 기억은 보고 따라 하며 몸으로 익혀가는 과정을 통해 형성된다.

언어로 설명할 수 있는 기억과 설명할 수 없는 기억

▶ **기억의 종류** (그림1)

언어로 표현할 수 있는 기억과 표현할 수 없는 기억이 있다.

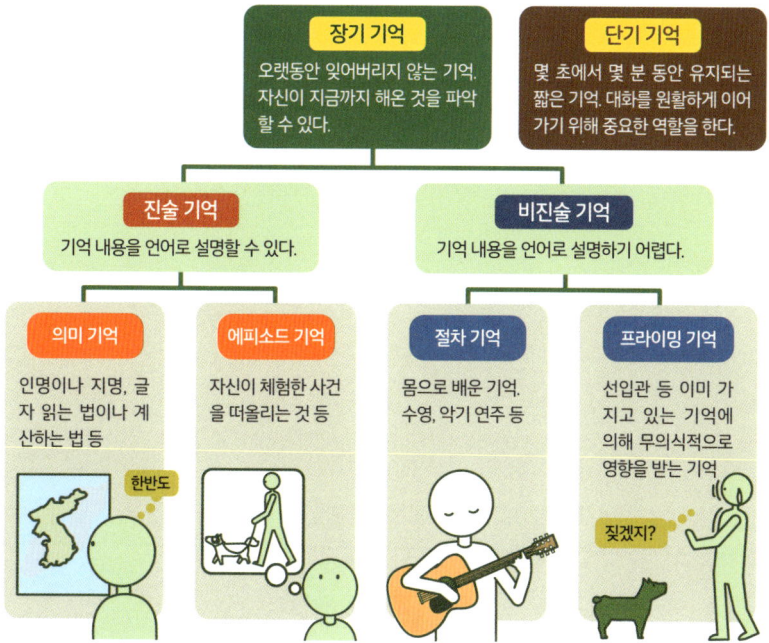

▶ **절차 기억이란?** (그림2)

같은 경험을 반복하면, 자연스럽게 몸이 그 경험을 기억하게 되는 형태의 기억이다.

58 차 멀미·3D 멀미는 왜 날까?

[멀미]

그렇구나! 평형감각이 비정상적으로 자극을 받으면, 뇌가 혼란을 일으켜 불쾌감을 느끼게 된다!

머리가 빙글빙글 도는 듯한 자동차 멀미나 뱃멀미. 술을 마신 것도 아닌데, 왜 이런 상태가 되는 걸까?

사람의 평형감각은 주로 귀 안에 있는 반고리관과 안뜰기관(➡P96)이 담당하지만, **시각도 이에 관여**한다. 뇌는 몸의 회전이나 기울기를 시각적으로 확인하고, 무의식적으로 균형을 유지한다.

이동 수단 멀미는 뇌가 느끼는 평형감각에 혼란이 생길 때 발생한다. 예측할 수 없는 움직임의 연속과 눈으로 보이는 풍경 사이에서, 반고리관에서 받아들이는 정보와 시각 정보 사이에 차이가 생긴다. 이로 인해 뇌가 균형을 제대로 잡지 못하고 혼란이 일어나 멀미로 이어지는 것으로 여겨진다(그림 1). 그 원인에 대해서는 격한 흔들림에 따른 반고리관의 기능 이상 등 여러 가지 설이 제기되고 있다.

3D 영상 게임을 하거나 가상 현실 영상을 감상할 때, 기분이 나빠지는 경우가 있다. 이는 **3D 멀미**라고 불린다. 3D 게임의 경우 몸이 정지한 상태에서, 3D 영상의 시점과 자신의 시점이 일치된 화면 속에서 플레이하게 된다. **신체는 움직이지 않는데 시야는 격하게 움직이기 때문에 신체 감각과 시각 정보 사이에 차이가 생기고, 이로 인해 뇌가 혼란**을 일으켜 3D 멀미 증상이 나타나는 것으로 여겨진다(그림 2).

비디오카메라로 촬영한 영상 중 심한 손떨림이 있는 장면을 볼 때 느껴지는 멀미 역시, 3D 멀미와 같은 원인에서 비롯된 것으로 보인다.

평형감각이 자극되어 이동 수단 멀미가 발생한다

▶ 이동 수단 멀미란 (그림1)

평형감각이 자극을 받아 이동 수단 멀미가 발생하는 것으로 여겨진다.

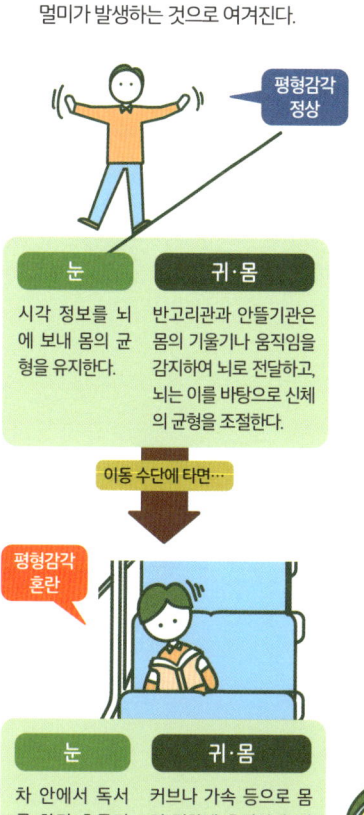

▶ 3D 멀미란 (그림2)

몸의 감각 정보와 시각 정보 사이에 차이가 생기면, 뇌가 혼란을 일으켜 불쾌감을 느끼게 된다.

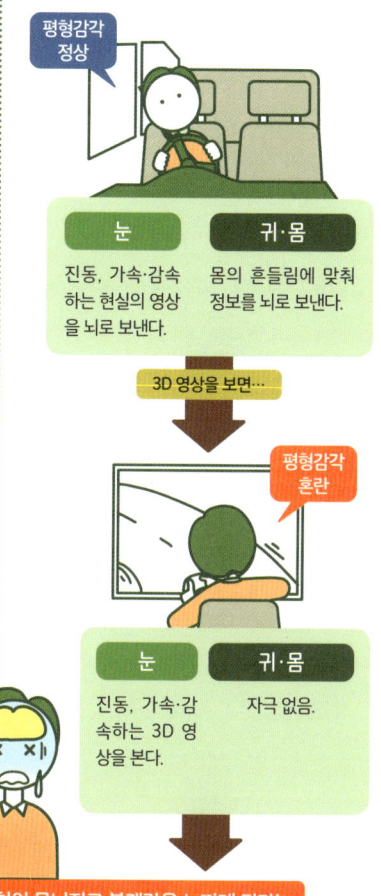

뇌가 혼란을 일으키면 자율신경의 균형이 무너지고 불쾌감을 느끼게 된다!

제3장 _ 아하! 사람의 뇌, 신경, 유전자

59 감정과 몸의 반응은 어디에서 올까?

[감정]

감정에 따른 반응에 대해서는 '말초기원설', '중추기원설', '이요인설' 등 여러 이론이 있다!

생물의 뇌에는 **생명에 위협이 되는 것을 본능적으로 '두렵다'고 인식하는** 시스템이 존재한다. 특정 자극에 대해 인간을 어떤 방향으로 이끄는 반응을 '감정'이라고도 정의할 수 있다. 감정은 신체 반응을 유발하며, 이에 대해서는 3가지 이론이 잘 알려져 있다(오른쪽 그림).

'말초기원설'은 자극에 의해 일어나는 신체 반응을 뇌가 인식함으로써 감정이 생긴다고 보는 이론이다. 예를 들어 사람이 뱀을 발견하고 심박수가 상승하거나 식은땀이 나는 경우, 이러한 신체 반응을 뇌가 인식함으로써 공포라는 감정을 자각하게 된다. 즉, 말초에서 일어난 신체 변화가 감정을 유발한다는 주장이다(오른쪽 그림 1).

'중추기원설'은 자극에 대해 먼저 '두렵다'는 뇌의 반응이 일어나고, 그에 따라 정동(희로애락 등의 감정)이 발생한다고 본다. 이때 심박수 상승과 같은 신체 반응은 이러한 뇌의 정서적 반응과 연관되어 일어나는 것으로 해석된다. 즉, 뇌의 반응이 선행하고, 그 결과로 신체 반응이 뒤따른다는 주장이다(오른쪽 그림 2).

'이요인설'은 '감정에 따라 일어난 신체 반응'과 '그 반응이 왜 일어났는지를 해석하는 인식', 이 두 가지 요인이 필요하다고 보는 이론이다. 예를 들어 심박수의 상승은 무서운 뱀을 봤을 때도, 좋아하는 고양이를 봤을 때도 일어날 수 있다. 이때 '고양이가 너무 귀여워서 두근거렸다'는 식으로, 생리적 반응에 상황에 대한 인식과 의미 부여가 더해져 감정이 형성된다는 주장이다(오른쪽 그림 3).

감정이 생기는 구조는 명확히 밝혀지지 않았다

▶ 감정과 반응이 생기는 구조

1 말초기원설

외부 자극을 받아 생리적 반응이 일어나고, 그 반응을 뇌가 인식함으로써 감정이 생겨난다.

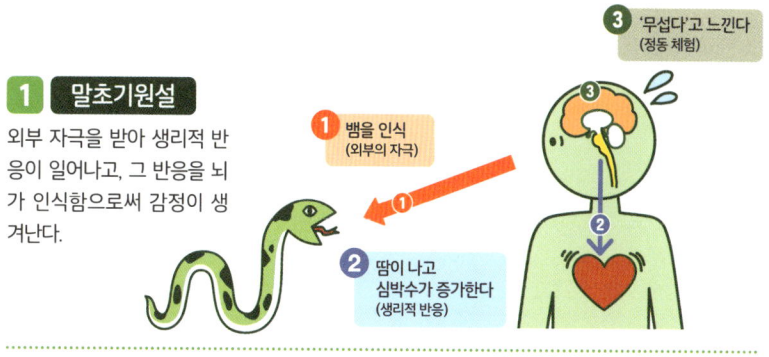

2 중추기원설

외부 자극이 뇌를 흥분시켜 정동을 유발하고 그에 따른 생리적 반응이 함께 연결된다.

3 이요인설 자극에 대한 생리적 반응을 어떻게 평가하고 인지하느냐에 따라 감정이 결정된다.

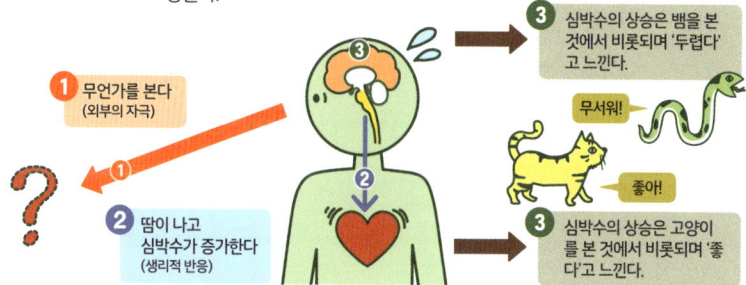

60 [질환] '우울'이란 뭘까? 뇌와 어떤 관계가 있을까?

뇌의 질환 중 하나로 여겨지고 있다.
'모노아민'의 감소가 원인 중 하나!

'우울'이란 어떤 상태를 말하는 걸까?

식욕이 없고, 비관적으로 변하며, 기력과 의욕이 떨어지는 상태가 지속될 때, 이를 **'우울 상태'**라고 부른다. 그리고 이러한 상태가 장기화되어 스스로 회복하기 어려워질 정도에 이른 병적인 상태가 **'우울증'**이다.

우울증은 감정 장애의 하나로, 뇌의 질환으로 여겨진다. 뇌 속 신경세포의 접합부인 시냅스에서는 기분과 관련된 **신경전달물질(모노아민)**이 분비된다(그림 1). 모노아민이란 세로토닌, 노르아드레날린, 도파민 등을 통칭하는 말이다.

이 모노아민이 감소하면 뇌의 기능에 장애가 생기며, 그로 인해 우울 상태가 유발된다. 우울 상태나 우울증이 나타날 경우, 신경전달물질의 양을 증가시키는 약물인 항우울제가 사용된다.

우울이 발생하는 구조에 대해서는 여러 가지 이론이 제시되어 있는데, 여기에서는 그중 하나인 **'신경가소성 가설'**을 소개한다.

우선 스트레스로 인해 신경세포가 지친 결과 신경전달물질이 감소하게 된다. **활력의 원천이라 할 수 있는 신경전달물질이 줄어들면 신경세포에 손상이 가해지고, 이로 인해 신경전달물질은 더욱 감소하는 악순환**이 생긴다. 이 악순환이 바로 우울의 본질이며, 항우울제는 손상된 신경세포를 보호하고 회복시키는 역할을 한다는 것이 신경가소성 가설의 핵심이다(그림 2).

장기화되어 회복하기 어려운 상태가 '우울증'

▶ 신경전달물질(모노아민)이란? (그림 1)

신경세포 간의 정보 전달에 사용되는 물질을 신경전달물질이라 한다. 이 중에는 기분을 밝게 만드는 작용을 하는 물질도 있으며, 이러한 전달물질이 감소하면 기분이 가라앉게 된다.

▶ 우울에 신경전달물질이 관여한다? (그림 2)

우울 상태가 발생하는 구조에 대해서는 여러 가지 설이 있다. 여기에서는 스트레스로 인해 세포가 약해져 우울증을 일으킨다고 보는 '신경가소성 가설'을 설명한다.

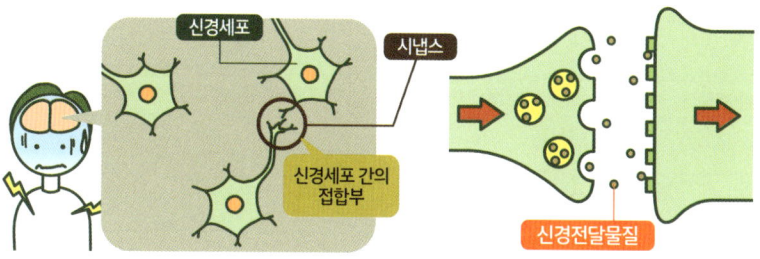

61 '신경'이란 뭘까? 어떤 역할을 할까?
[신경]

뇌를 중심으로 각 기관에서 정보를 수집하고, 명령을 내리며, 이를 종합하는 역할을 담당하고 있다!

사람의 몸은 약 40억 개의 세포로 이루어져 있다. 세포들이 모여 형성된 기관은 제각기 따로 작용할 수 없다. 각 기관에서의 정보를 뇌에 모으고, 뇌에서 적절한 명령을 몸에 전달하는 등의 과정을 통해, 하나의 개체로서 조화를 유지하기 위해서는 네트워크가 필요하다. 이 역할을 담당하는 것이 바로 신경이다(그림 1). **신경을 구성하는 것은 약 1,000억 개의 신경세포(뉴런)라 불리는 특수한 세포들이다.**

신경은 **중추신경**과 **말초신경**으로 나뉜다(그림 2). 중추신경은 뇌와 척수로 이루어져 있으며, 각 기관에서 받아들인 정보를 바탕으로 적절한 판단을 내리고, 다시 각 기관으로 명령을 내린다.

말초신경은 전달의 역할을 하는 신경이다. 각 기관에서 얻은 정보를 중추신경으로 보내고, 중추신경에서 내려진 명령을 각 기관으로 전달한다. 체성신경과 자율신경으로 나눌 수 있을 뿐만 아니라, 크게 4가지로도 분류된다.

체성신경 중 **운동신경**은 의식적인 운동(수의운동)을 담당하며, **감각신경**은 몸의 여러 부위에서 얻은 감각 정보를 뇌로 전달한다. 한편 **자율신경**은 의식적으로 조절할 수 없는 독립적인 시스템으로, 심장의 박동이나 호흡기, 소화기 등의 활동을 자율적으로 조절한다. 자율신경에는 **교감신경**과 **부교감신경**이 있으며, 이 둘은 균형을 이루며 작용한다.

뇌와 몸속 신경은 연결되어 있다

▶ 뇌와 말초신경의 관계 (그림 1)

자극을 받은 말초신경은 중추신경에 정보를 전달하고, 뇌는 그 정보를 바탕으로 각 기관에 명령을 보낸다.

▶ 신경의 종류 (그림 2)

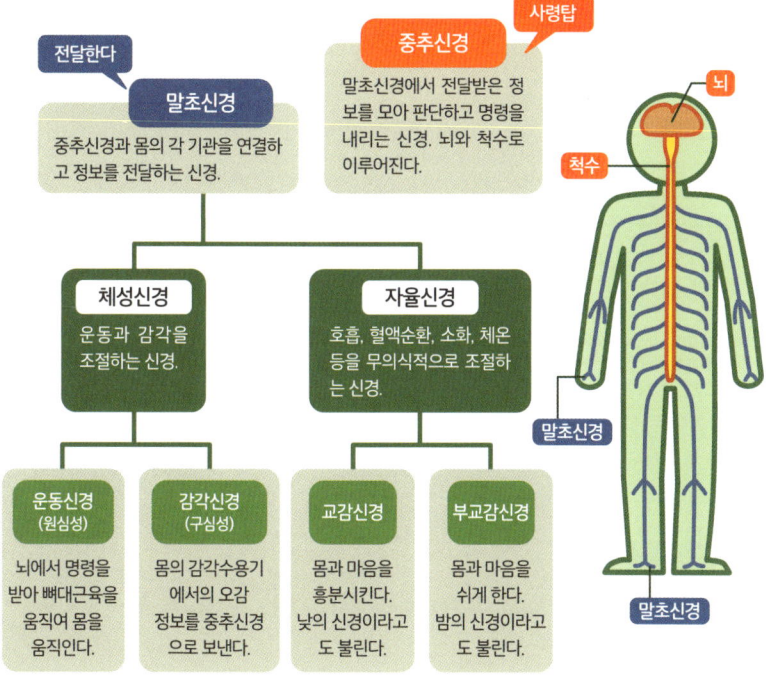

62 왜 손가락마다 움직이는 힘이 다를까?

[손가락]

그렇구나! 손가락의 힘줄이 연결되어 있는 부분이 있다.
뇌의 명령 계통도 분리가 명확하지 않다!

왜 모든 손가락을 하나하나 정확히 움직이기 어려운 걸까? 예를 들어, 한 손가락만 굽히려고 할 때 약지가 따라 굽혀지는 사람도 있을 것이다.

그 이유 중 하나는 **근육과 뼈를 잇는 힘줄이 옆 손가락의 힘줄과도 연결된 부위(힘줄사이결합)가 있다**는 것이다(그림 1). 그래서 움직임에 익숙하지 않으면 독립적으로 움직이기 어렵다.

이는 우리 영장류가 수상생활을 하던 시기에 나뭇가지를 잡기 위해 얻은, 엄지손가락과 다른 손가락을 마주 보게 하여 움직이는 **'엄지맞섬운동'**이라는 능력에서 유래한 것이다. 그림 1에 있는 힘줄사이결합은 그 흔적이지만, 현재는 손가락의 움직임을 제한하고 있는 것처럼 보인다.

또한 **뇌의 구조**에도 원인이 있다. **약지를 움직이는 명령 계통과 소지를 움직이는 명령 계통은 명확히 나뉘어 있지 않다.** '소지만 움직인다', '약지만 움직인다'는 명령보다도 '약지를 제외한 네 손가락을 동시에 움직인다'는 명령 쪽이 더 빠르게 실행될 수 있다. 약지만 움직이려 할 경우, '소지를 구부리지 말라', '중지를 구부리지 말라'는 명령도 함께 필요해져 움직임이 더 복잡해지는 것이다(그림 2).

하지만 훈련을 하면 손가락을 제각기 능숙하게 움직일 수 있게 된다. 피아노 기타와 같은 악기 연습을 통해 각 손가락을 따로 움직이는 훈련을 할 수 있다.

힘줄사이결합으로 4개의 손가락은 연동한다

▶ 손가락 힘줄은 연결되어 있다 (그림1)

엄지손가락을 제외한 4개의 손가락은 힘줄(근육과 뼈를 연결하는 조직)이 서로 연결되어 있기 때문에, 각 손가락을 독립적으로 움직이기 어렵다.

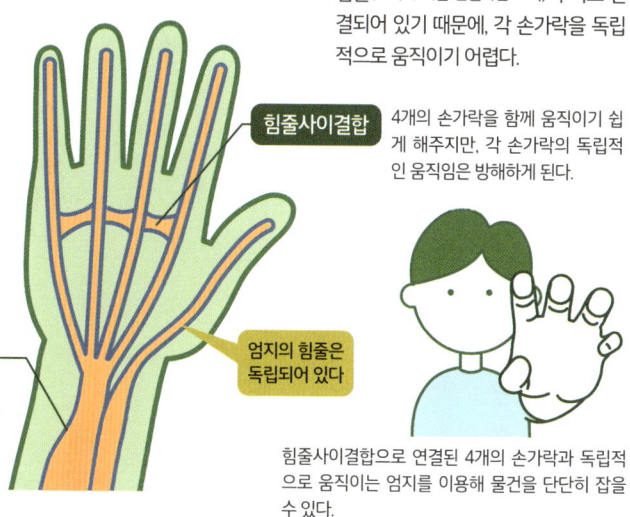

힘줄사이결합
4개의 손가락을 함께 움직이기 쉽게 해주지만, 각 손가락의 독립적인 움직임은 방해하게 된다.

손가락폄근의 힘줄
엄지 이외의 4개 손가락을 펴는 근육.

엄지의 힘줄은 독립되어 있다

힘줄사이결합으로 연결된 4개의 손가락과 독립적으로 움직이는 엄지를 이용해 물건을 단단히 잡을 수 있다.

▶ 손가락의 명령 계통도 원인 (그림2)

뇌의 명령 계통은 원래 하나의 손가락만을 움직이도록 구성되어 있지는 않다. 그러나 악기 연주자처럼 반복적으로 연습하면, 뇌의 신경 회로에 변화가 생겨 손가락을 보다 독립적으로 움직일 수 있게 된다.

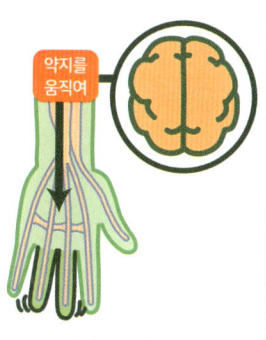

약지를 움직여

평소 약지만 움직이려고 해도 중지가 동시에 움직인다.

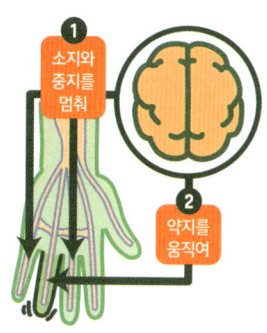

1 소지와 중지를 멈춰
2 약지를 움직여

'소지와 중지를 멈춘다', '약지를 움직인다'의 복잡한 명령이 필요하다.

63 '반사신경'이란 뭘까?
[신경]

그렇구나! 지각 신호에 대해 **대뇌를 거치지 않고 척수에서 빠르게 반응하는 구조!**

'반사'나 '반사신경'은 무심코 사용하는 말이지만, 실제로는 어떤 구조일까? **외부 자극에 빠르게 반응하는 '반사'라는 현상을 '반사신경'이라고 부른다.** 뜨거운 것에 손이 닿았을 때 무의식적으로 손을 빼는 반응처럼, 반사란 신체에 가해진 자극에 대해 **대뇌를 거치지 않고 척수나 숨뇌에 존재하는 특별한 경로를 통해 신속하고 무의식적으로 정확한 반응이 일어나는 구조**를 말한다.

예를 들어, 뜨거운 것에 손이 닿았을 때 피부에서 발생한 신호는 먼저 감각신경을 따라 척수에 도달한다. 이 신호는 **뇌로 가지 않고, 척수에 있는 운동신경으로 직접 전달**되어 근육을 수축시키고 손을 빼는 반응으로 이어진다. 피부에서의 신호는 대뇌로도 전달되지만, 뇌에 도달하기 전에 이미 운동 반응은 완료된다(그림 1).

눈에 티끌이 들어가면 눈물이 나오고, 음식을 먹으면 침이 나오는 반응 역시 의식적으로 행해지는 것이 아니다. 이들 또한 **대뇌를 거치지 않는 반사** 중 하나다.

반사를 일으키는 자극과 그 반사와는 무관한 자극(조건 자극)이 동시에 반복되면, 나중에는 조건 자극만으로도 반사가 일어나게 된다. 이를 '**조건반사**'라고 한다. 매실 절임을 보면 침이 고이거나 빨간 신호를 보면 발이 멈추는 등의 반응이 이에 해당한다(그림 2).

반사가 반복되면 조건반사로

▶ **반사란?** (그림1)

뜨거운 것에 닿았을 때 무심코 손을 빼는 것처럼, 신체에 가해진 자극에 대해 뇌를 거치지 않고 무의식적으로 일어나는 반응을 말한다.

① 뜨거운 것에 손이 닿았을 때
② 척수가 위험하니 손을 떼라고 명령
③ 얼른 손을 뗀다
④ '뜨거운 것에 손이 닿았다'는 정보가 뇌에 전달되었을 때 행동은 이미 완료된 상태다

▶ **조건반사란?** (그림2)

어떤 반사를 일으키는 자극과 무관한 다른 자극을 동시에 반복해서 주면, 나중에는 그 다른 자극만으로도 처음의 반사와 같은 반응이 일어나게 된다.

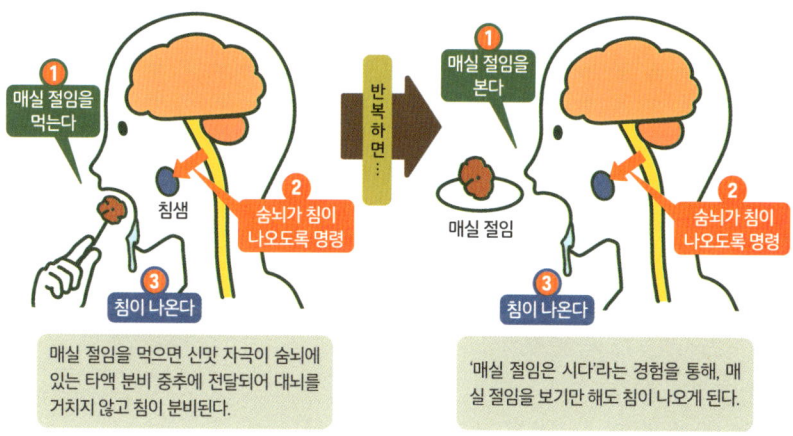

매실 절임을 먹으면 신맛 자극이 숨뇌에 있는 타액 분비 중추에 전달되어 대뇌를 거치지 않고 침이 분비된다.

'매실 절임은 시다'라는 경험을 통해, 매실 절임을 보기만 해도 침이 나오게 된다.

64 사람은 왜 무의식적으로 공기를 마실까?
[신경]

**자율신경의 작용으로 인해
호흡기계가 무의식적으로 움직이기 때문!**

호흡, 소화, 혈액순환, 호르몬의 분비 등은 **의지와 관계없이 이루어지는 신체의 작용**이다. 이러한 기능을 담당하는 것은 뇌에서부터 척수에 이르기까지 넓게 분포하는 자율신경계다(➡P158).

호흡에 대해서는 자율신경의 작용으로 호흡근을 움직이라는 명령이 내려진다. 이에 따라 허파가 부풀거나 수축하면서 자동으로 숨을 들이마시고 내쉬게 되는 것이다(그림 1).

자율신경은 교감신경과 부교감신경으로 구성되어 있으며, 이 두 가지가 균형 있게 작용한다(그림 2).

교감신경은 부교감신경줄기에서 나오며 부교감신경의 중추는 뇌에 위치한다. 스포츠를 할 때처럼 산소가 평소보다 많이 필요해지면 교감신경이 활발해진다. 그러면 심장 박동이 증가하고 호흡이 빨라진다. 이때 동시에 부교감신경도 작용하여 심장 박동이 지나치게 빨라지거나 호흡이 과도하게 빨라지는 것을 억제하며 조절한다.

이 두 가지 신경이 항상 균형을 이루며 작용함으로써, 우리 몸의 상태는 일정하게 유지된다. 외부 환경이나 체내의 변화에 따라 신체를 건강한 일정 상태로 유지하는 것을 '**항상성**'이라고 한다(➡P134). 자율신경의 균형이 무너지면 항상성을 유지하기 어려워지고, 결국 컨디션 저하로 이어지게 된다.

자율신경이 무의식적으로 생명을 유지한다

▶ 호흡중추의 작용 (그림1)

숨뇌에 있는 호흡중추가 호흡근에 명령을 내리면 사람의 의지와 상관없이 24시간 안정된 호흡이 가능하다.

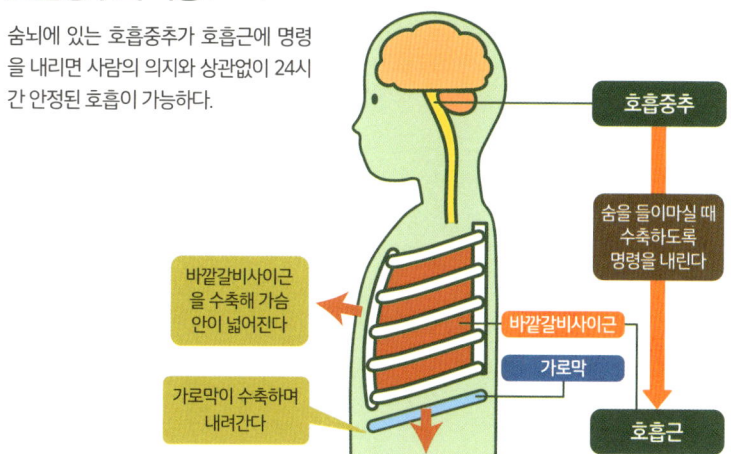

▶ 자율신경이란 (그림2)

의지와 관계없이 작용하는 기관들을 24시간 자동으로 조절하는 시스템이다. 자율신경은 낮이나 활동 중에 주로 작용하는 교감신경과, 밤이나 휴식 중에 주로 작용하는 부교감신경으로 이루어진다.

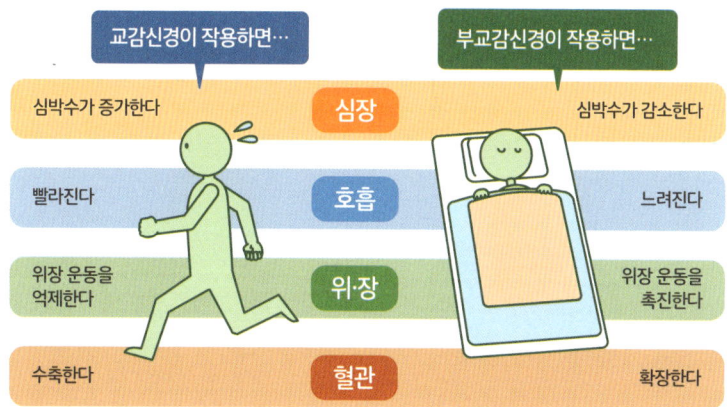

65 가슴은 왜 두근댈까?
[심장]

두근대는 심장의 박동은 자율신경에 의해 조절되며, 운동이나 긴장 상태에서는 그 박동이 증가한다!

사랑에 빠졌을 때, 놀랐을 때, 운동했을 때 등 심장이 두근두근 고동치는 경우가 있다. 이는 어떤 구조 때문일까?

심장이 두근두근하며 수축과 확장을 반복하는 것을 '박동'이라고 한다. 심장은 1분에 60~80회 박동하여 혈액을 온몸에 내보낸다. 팔다리 동맥에서 느낄 수 있는 박동을 '맥박'이라고 한다.

박동수는 대체로 일정하지만, 운동을 하면 근육에 더 많은 혈액을 보내기 위해 박동수가 증가하고 혈액량도 늘어난다. **이 박동수는 자율신경에 의해 조절된다**(➡ P164). 흥분이나 긴장을 할 때는 교감신경이 활성화되어 박동수가 증가하며, 반면 안정 상태에서는 부교감신경이 작용하여 박동수가 감소한다.

예를 들어, 누군가에게 첫눈에 반하면 흥분하여 교감신경이 작용해 박동수가 늘어난다. 즉, 심장이 두근두근 뛰는 것이다. 상대와 대화를 나누며 안정되면 부교감신경이 작용해 박동수도 안정된다. 참고로 교감신경이나 부교감신경 중 어느 한쪽만 작용하지 않고 두 신경이 균형 있게 자극을 받아야 건강한 상태가 유지된다.

박동수에 따라 혈액량도 변한다. 안정 시에는 1분 동안 약 5L의 혈액을 내보내지만, 보행 시에는 1분에 약 7L, 운동 시에는 1분에 약 14L의 혈액을 박동수를 증가시켜 내보낸다.

'두근' 하는 소리는 판막이 닫히는 소리

▶ 박동이란? (그림1)

심장은 근육의 수축으로 혈액을 온몸에 내보낸다.

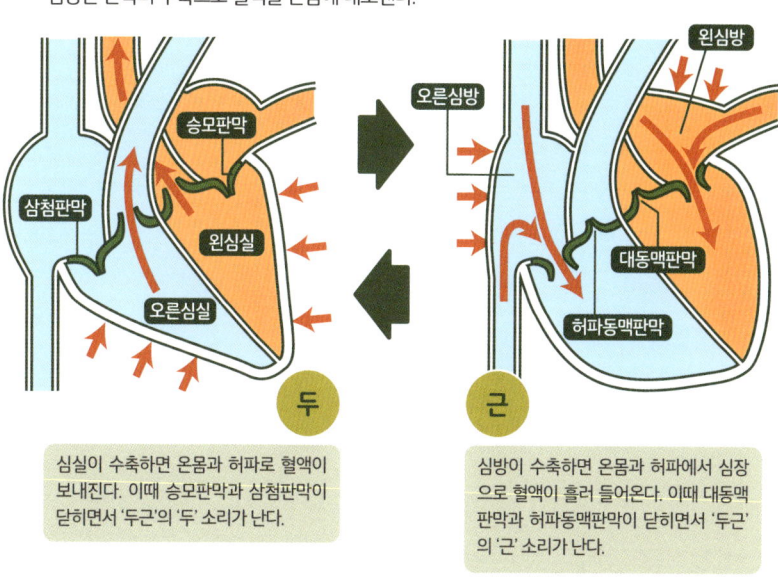

심실이 수축하면 온몸과 허파로 혈액이 보내진다. 이때 승모판막과 삼첨판막이 닫히면서 '두근'의 '두' 소리가 난다.

심방이 수축하면 온몸과 허파에서 심장으로 혈액이 흘러 들어온다. 이때 대동맥판막과 허파동맥판막이 닫히면서 '두근'의 '근' 소리가 난다.

▶ 흥분하면 심장이 두근두근하는 이유 (그림2)

심장의 박동은 자율신경에 의해 조절되기 때문에, 흥분하면 교감신경이 작용하여 박동수가 늘어난다.

66 유전자란 뭘까? ①
[유전자] 유전 정보의 구조

유전자는 세포의 '설계도'.
수정란은 부모의 유전자를 물려받는다!

부모의 특징이 자녀나 손주에게 나타나는 것을 '**유전**'이라 하며, 부모와 자식 사이에서 이어지는 정보를 '**유전 정보**'라고 한다. 유전 정보는 세포의 핵 속에 있는 '**디옥시리보핵산(DNA)**'이라는 실 모양의 물질에 유전자 형태로 저장되어 있다. 이 DNA가 모여 **염색체**를 이룬다(그림 1).

사람은 하나의 수정란에서 시작된다. 생식세포(정자와 난자)에 들어 있는 각각의 염색체가 결합하여 수정란이 만들어지며, 자녀는 양쪽 부모로부터 유전자를 절반씩 물려받는다(그림 2). 하나의 수정란은 태어날 때까지 약 3억 개, 성인이 될 때까지는 약 40억 개로 분열하며 사람의 형태를 갖추게 된다. 하지만 그 모든 세포에는 처음 만들어진 수정란과 같은 유전자가 들어 있다. **자녀는 부모로부터 물려받은 유전 정보를 바탕으로 자신의 다양한 세포를 만들기 때문에 부모를 닮게 되는 것이다.**

유전자는 세포를 만들기 위한 설계도다. 사람의 몸은 모양과 기능이 다양한 여러 종류의 세포로 이루어져 있다. 유전자에 담긴 정보를 바탕으로 다양한 세포로 분화하면서 몸이 형성되는 것이다.

모든 세포에는 같은 유전 정보가 들어 있지만, 부위에 따라 각각 적절한 세포로 바뀌는 구조를 '**분화**'라고 한다. 이러한 세포의 분화처럼, 유전자가 사용되는 방식이 선천적으로 달라지는 현상을 연구하는 분야를 '**후성유전학(에피제네틱스)**'이라고 하며, 이는 생물의 진화를 이해하는 데에도 중요한 역할을 한다(➡P170).

하나의 세포가 분열해 사람의 형태를 만든다

▶ **DNA의 구조** (그림 1)

인체 세포의 핵에는 염색체가 있으며, 그 속에 유전 정보가 들어 있다.

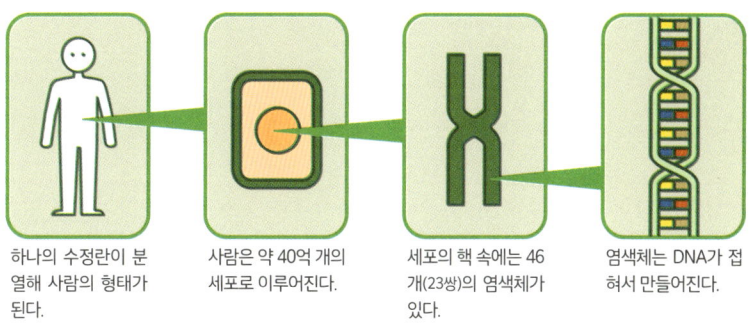

하나의 수정란이 분열해 사람의 형태가 된다.

사람은 약 40억 개의 세포로 이루어진다.

세포의 핵 속에는 46개(23쌍)의 염색체가 있다.

염색체는 DNA가 접혀서 만들어진다.

▶ **유전의 구조** (그림 2)

아이는 유전자를 부모로부터 절반씩 물려받는다.

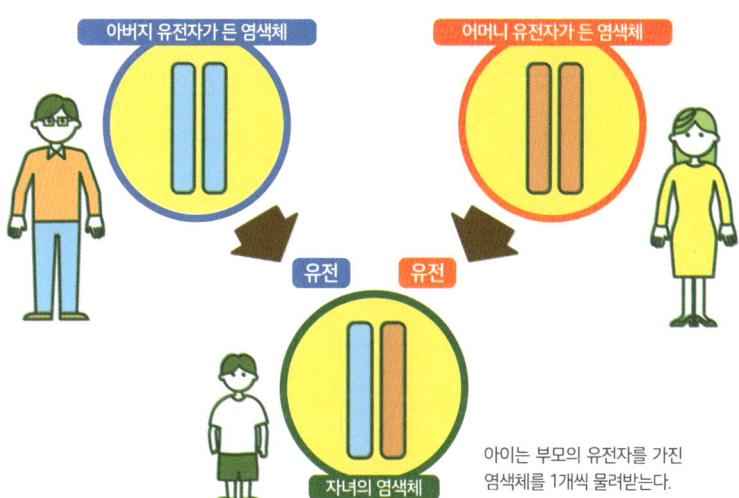

아이는 부모의 유전자를 가진 염색체를 1개씩 물려받는다.

67 유전자란 뭘까? ②
[유전자] DNA의 기능

그렇구나! DNA는 **이중나선** 구조의 실을 푸는 방식으로 자신을 복제하거나 **단백질을 만든다!**

사람 세포의 핵 속에 있는 DNA는 어떤 모양이며, 어떤 역할을 할까?

DNA는 **두 가닥의 사슬이 꼬여 있는 '이중나선 구조'**다. 이 두 가닥의 사슬은 **'염기'**라는 물질로 사다리처럼 연결되어 있다. **이 염기의 배열에는 사람을 형성하는 데 필요한 유전 정보가 새겨져 있다.** 사람은 하나의 세포에서부터 분열하는데, 그 과정에서 가장 중요한 것은 **DNA의 정확한 복제**다. 세포는 분열하기 전에 핵 속에서 DNA를 복제해 두 배로 만든다. 세포분열이 일어나기 전, DNA의 이중나선 구조가 풀어지고, 그 한 가닥을 본떠 새로운 DNA가 복제된다. 이후 세포가 분열되면, 복제된 DNA는 각각의 새로운 세포에 나누어 담긴다(그림 1).

하나의 세포가 심장이나 피부처럼 각각의 기관으로 분화되는 것은 참 신기한 일이다. 모든 세포는 같은 유전 정보를 가지고 있지만, 각기 다른 세포가 되는 이유는 각 세포마다 '사용하는 유전자'와 '사용하지 않는 유전자'에 표시를 해두기 때문이다. 이러한 구조와 조절 방식을 **후성유전학(에피제네틱스)**이라고 부른다.

사람의 몸을 구성하는 **단백질을 만들 때,** DNA의 유전 정보가 직접 사용되는 것은 아니다. DNA에 적힌 유전 정보는 **전령RNA(mRNA)**라는 물질로 전사하고, 이 전령RNA에 담긴 정보를 바탕으로 단백질이 합성된다(그림 2).

유전자에 표식을 붙여 서로 다른 세포로 분화

▶ **DNA 복제** (그림1)　세포분열이 일어날 때 DNA 가닥은 두 배로 늘어나고, 원래 DNA와 완전히 똑같은 것이 두 개 만들어진다.

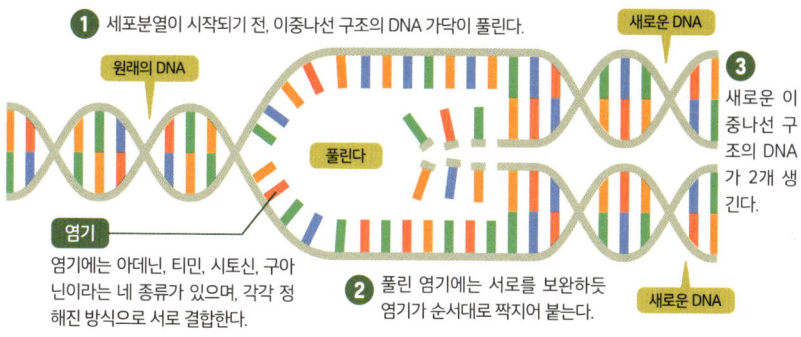

① 세포분열이 시작되기 전, 이중나선 구조의 DNA 가닥이 풀린다.

② 풀린 염기에는 서로를 보완하듯 염기가 순서대로 짝지어 붙는다.

③ 새로운 이중나선 구조의 DNA가 2개 생긴다.

원래의 DNA / 풀린다 / 새로운 DNA / 새로운 DNA

염기에는 아데닌, 티민, 시토신, 구아닌이라는 네 종류가 있으며, 각각 정해진 방식으로 서로 결합한다.

후성유전학이란

각 세포가 유전자에 '풀리기 쉬운 정도'를 나타내는 표식을 붙여 유전자의 작용을 조절함으로써 수정란이 몸에 필요한 약 200가지 종류의 세포로 분화하도록 만드는 구조.

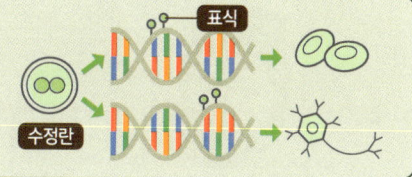

수정란 / 표식

▶ **DNA로 단백질 합성** (그림2)

아미노산이 이어져 만들어지는 단백질은 DNA에 적힌 '설계도'를 바탕으로 세포 안에서 합성된다.

① DNA가 풀려 RNA에 염기 배열을 전사한다.

② 단백질의 정보만 담은 전령RNA(mRNA)가 완성된다.

③ mRNA의 염기 배열이 아미노산 배열로 번역되어, 설계도대로 단백질이 완성된다.

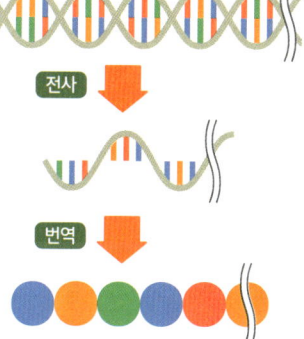

전사 / 번역

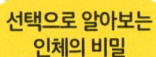

 유전자를 통해
얼마나 먼 조상까지
알아낼 수 있을까?

| 100년 전까지 | or | 1,000년 전까지 | or | 1만 년 전까지 | or | 인류의 공통 조상까지 |

사람은 부모에게서 태어나고, 그 부모는 다시 조부모에게서 태어났다. 조부모 역시 그 윗세대로부터 태어났을 것이다. 이처럼 자신의 뿌리를 따라 올라가며 가계의 흐름을 거슬러 조사할 수 있다. 그렇다면 유전자를 조사하면 어느 시대까지 거슬러 올라가 자신의 뿌리를 확인할 수 있을까?

부모의 특징이 자녀나 손주에게 나타나는 현상을 '유전'이라고 한다. 유전 정보(게놈이라고도 불린다)는 DNA에 새겨져 있다. **사람의 DNA는 염색체와 미토콘드리아 속에 존재하며, 사람의 세포에서 이 두 가지 DNA를 채취할 수 있다면 자신의 혈연관계나**

뿌리를 추적할 수 있다.

자녀는 부모로부터 DNA를 절반씩 물려받지만, Y염색체(성별을 결정하는 성염색체)는 아버지로부터 거의 변화 없이 자녀에게 전해진다. 이 **Y염색체를 조사하면 아버지 쪽 조상(부계 조상)을 추적할 수 있다.**

마찬가지로, 미토콘드리아 DNA는 어머니로부터 자녀에게 유전되는 것으로 알려져 있다. 이 **미토콘드리아 DNA를 조사하면 어머니 쪽 조상(모계 조상)으로 거슬러 올라갈 수 있다.**

이러한 DNA 검사를 통해 자신의 출신이나 가계를 추적할 수 있다. 실제로는 이탈리아의 예술가 레오나르도 다빈치의 자손을 찾는 등, 혈연관계를 찾는 데에도 활용되고 있다.

DNA는 살아 있는 사람뿐만 아니라, 태곳적 사람의 뼈에서도 채취할 수 있다. 한 예로 고대인의 뼈에서 추출한 DNA를 분석·비교한 결과, 일본인의 선조는 원래 일본에 살고 있던 조몬인과 대륙에서 건너온 도래인의 혼혈이라는 사실이 밝혀졌다.

또한 미토콘드리아 DNA의 분석을 통해 약 13만~17만 년 전 아프리카에 살았던 한 여성에게까지 거슬러 올라갈 수 있으며, 그녀가 모든 인류의 공통 조상일 가능성이 있다고 여겨진다. 최신 연구에서는 이러한 공통 조상으로부터 이어지는 미토콘드리아 계통도도 그려지게 되었다. 즉, DNA를 통해 인류의 공통 조상까지도 조사할 수 있다는 뜻이다.

68 남녀의 차이는 무엇으로 결정될까?
[유전자]

X와 Y의 **성염색체**가 남녀를 결정한다.
XX라면 여성, XY라면 남성이 된다!

정자와 난자가 만나 수정되면 임신이 이루어지고 아기가 생긴다. 그렇다면 아기의 성별은 어떻게 결정될까?

남녀의 차이는 세포핵 속 염색체에 의해 결정된다. 사람은 상염색체 22쌍(44개)과 성염색체 1쌍(2개)을 가지고 있어 총 23쌍, 46개의 염색체를 지닌다. **이 중 성염색체가 남녀의 성별을 결정하는 역할을 한다**(그림 1).

성염색체는 크기가 큰 쪽을 **X염색체**, 작은 쪽을 **Y염색체**라고 하며, 여성은 44개+XX, 남성은 44개+XY의 염색체를 가지고 있다. 여성과 남성의 몸에서 생식세포인 난자와 정자가 만들어질 때 **감수분열**(세포 하나당 염색체 수가 절반으로 줄어드는 현상)이 일어난다. 이 과정에서 염색체는 한 쌍이 두 개로 나뉘어 절반이 되며, 난자는 22개+X, 정자는 22개+X 또는 22개+Y의 두 종류가 만들어진다.

이 난자와 정자가 수정되면, 남녀 양쪽의 염색체가 결합하여 44개+XX 또는 44개+XY의 염색체를 가진 아기가 생긴다. **XX 염색체를 가진 아기는 여자, XY 염색체를 가진 아기는 남자**가 된다(그림 2).

태어난 아기는 아버지와 어머니, 두 사람 각각의 염색체를 절반씩 갖기 때문에 부친과 모친의 유전 정보를 함께 물려받는다.

상염색체와 성염색체가 있다

▶ 사람의 염색체 (그림1)

사람의 염색체 중 22쌍은 상염색체, 나머지 1쌍은 성염색체라고 한다. 여성의 경우 성염색체는 두 개 모두 X이며, 남성의 경우 성염색체는 X와 Y로 이루어져 있다.

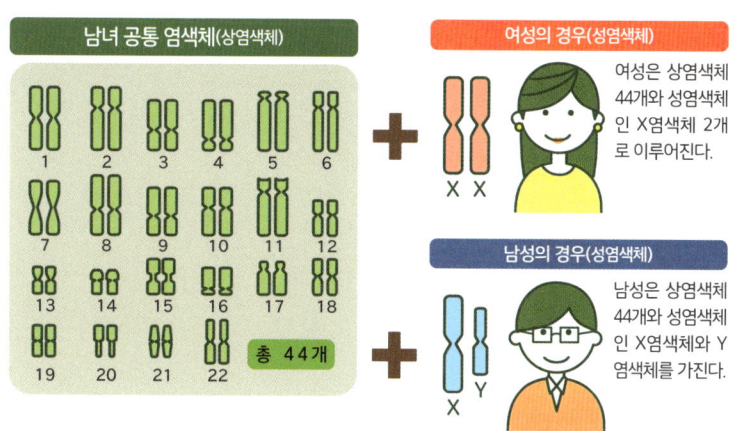

▶ 염색체가 남녀를 결정한다 (그림2)

어머니와 아버지에게서 온 난자와 정자가 결합함으로써, 양쪽의 염색체(유전 정보)를 물려받아 남녀가 결정된다.

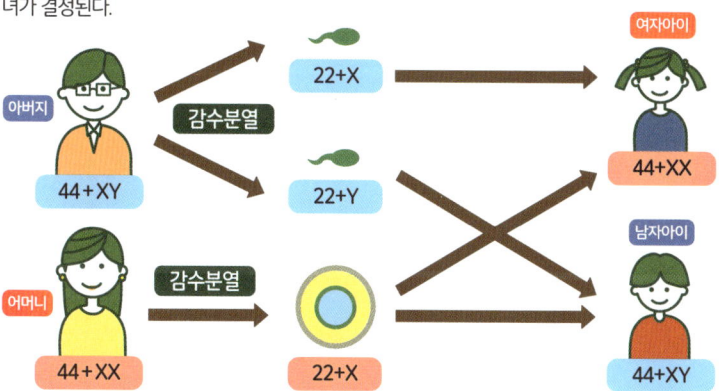

69 유전자에도 종류가 있다? 우성 유전자와 열성 유전자

[유전자]

그렇구나! 유전자 중 발현되는 쪽을 우성 유전자, 발현되지 않는 쪽을 열성 유전자라고 부른다!

자녀는 부친과 모친으로부터 유전자를 절반씩 물려받는다. 예를 들어 부친의 귀지가 젖은 형태이고 모친의 귀지가 마른 형태인 경우, 그 두 가지 특징이 자녀에게 동시에 나타나는 일은 없다. 이처럼 하나의 형질에 대해 동시에 나타나지 않는 두 가지 특징이 있는 경우, 이를 **'대립 형질'**이라 하며, 그 대립 형질에 대응하는 유전자를 **'대립 유전자'**라고 부른다.

부모의 귀지 유전 형질은 자녀에게 유전된다(오른쪽 그림). **귀지가 습성인지 건성인지는 한 쌍의 대립 유전자에 의해 결정된다.** 이때 특징이 나타나는 쪽의 유전자를 **'우성(현성) 유전자'**, 나타나지 않는 쪽의 유전자를 **'열성(잠재) 유전자'**라고 한다.

이는 오스트리아의 생물학자 멘델이 발견한 **'우성의 법칙'**에 해당한다. 여기서 말하는 우성과 열성은 유전자의 우열을 뜻하는 것이 아니라, 단지 형질이 겉으로 발현되는 쪽을 우성이라 부를 뿐이다.

사실, '우성의 법칙'은 사람에게 그대로 적용되는 경우가 드물다고 여겨진다. 하나의 유전자에서 나타나는 우성과 열성만으로 특징이 결정되지 않는 경우가 많으며, 여러 유전자의 상호작용이나 생활 환경 등이 사람의 형질을 함께 결정하기 때문이다.

우성의 법칙에 관해서는 오랫동안 유전자 간의 우열을 결정하는 요인이 무엇인지 밝혀지지 않았지만, **우성 유전자에서 만들어지는 분자가 열성 유전자의 작용을 방해한다**는 사실이 밝혀졌고, 이를 바탕으로 한 연구가 계속 진행되고 있다.

우성의 법칙은 사람에게는 그다지 잘 들어맞지 않는다

▶ 우성의 법칙이란?

부모에게서 물려받은 특징은 같은 부위에 동시에 나타나지 않는다. 어떤 특징이 발현될지는 한 쌍의 대립 유전자에 의해 결정되며, 이 중 우성 유전자의 특징만이 겉으로 드러나는 것을 '우성의 법칙'이라고 한다.

귀지의 유전 형질은 습성과 건성이라는 한 쌍의 대립 유전자에 의해 결정되며, 이 중 **습성이 우성 유전자, 건성이 열성 유전자**로 작용한다.

제3장 _ 아하! 사람의 뇌, 신경, 유전자   177

70 살이 잘 찌는 체질은 유전될까?

[유전자]

비만 관련 유전자의 차이로 기초대사량이 떨어져, 비만 위험이 커질 수도!

신장이나 체질 등과 마찬가지로, 부모의 비만도 자녀에게 유전될까?

비만은 부모로부터 물려받은 유전적 요인과 식습관이나 운동과 같은 환경적 요인의 영향을 함께 받는다. 여러 견해가 있지만, 일반적으로 **비만의 원인 중 유전의 영향은 약 25%, 환경의 영향은 약 75%라고 여겨진다.** 특히 어린이의 비만은 환경 요인의 비중이 크다. 식사나 운동 같은 생활습관이 부모와 아이 사이에서 비슷하게 형성되기 때문이다. 그래서 이로 인해 가족 단위의 비만이 많아지는 경향이 있다.

한편, 몸의 기초대사나 식욕의 조절 등에 관여하는 유전자들이 **비만 관련 유전자**로 여럿 밝혀지고 있다(오른쪽 그림).

비만 관련 유전자란 무엇일까? 예를 들어 β3 아드레날린 수용체 유전자는 대사에 관여하는 수용체 단백질을 만드는 유전자다. 이 유전자에 어떤 변이가 생기면, 수용체의 성질이 달라지고, 변이가 없는 사람에 비해 기초대사량이 낮아지며, 중성지방의 분해가 억제되는 현상이 관찰된다.

기초대사량이 낮아지면 칼로리를 효과적으로 소모하지 못하게 되어, 비만의 위험도 커질 수 있다. 이와 관련해 유전자 변이를 조사하여 살이 찌기 쉬운 체질인지 분석하는 연구가 꾸준히 진행되고 있다. 또한, 대사가 원활하게 이루어지는 몸을 유지하는 것은 건강을 지키는 데 매우 중요한 요소로 여겨진다.

비만 관련 유전자의 변이는 비만 위험을 높일 수 있다!

▶ 주요 비만 관련 유전자

유전자 중 기초대사나 식욕 조절 등에 관여하는 유전자. '비만 유전자' 또는 '절약 유전자'라고도 불린다.

β3 아드레날린 수용체(β3AR) 유전자

이 유전자로부터 만들어지는 단백질은 지방세포에 저장된 중성지방의 분해를 촉진하는 역할을 한다. 변이형에서는 지방이 잘 분해되지 않는 경향이 있다.

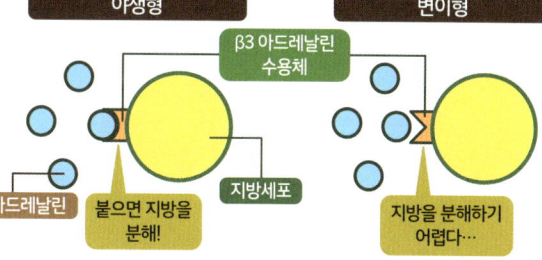

UCP1 유전자

지방세포의 미토콘드리아 속에서 지방을 연소하는 데 필요한 단백질을 생성한다. 변이형에서는 지방이 잘 연소되지 않는 경향이 있다.

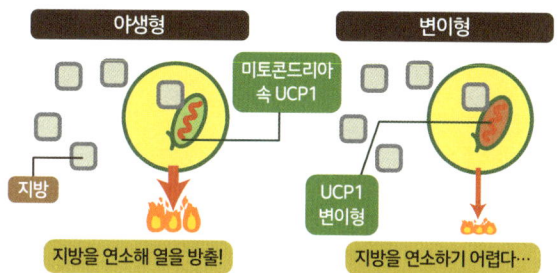

일본인은 살이 찌기 쉽다?

미국 원주민인 피마족은 미국식 식생활로 바뀌자마자 인구의 70% 이상이 비만이 된 시기가 있었으며, 두 명 중 한 명에게서 β3 아드레날린 수용체 유전자의 변이가 발견되었다는 보고가 있다. 이 변이 유전자는 일본인의 약 30%가 가지고 있는 것으로 여겨진다.

71 유전자로 친자 관계를 어떻게 알아낼까?
[유전자]

DNA는 사람마다 다르기 때문에 친자 여부는 DNA형을 분석하고 비교하여 알아낼 수 있다!

드라마 등에서 머리카락을 조사해 친자인지를 감정하는 장면이 종종 등장하는데, 도대체 어떻게 그것을 알아낼 수 있을까?

친자 여부는 **DNA 감정**을 통해 알아낼 수 있다. DNA는 사람마다 다르며, 평생 변하지 않는다. 친자인 경우, **자녀의 DNA는 절반은 아버지에게서, 절반은 어머니에게서 물려받는다**(➡P168).

즉, 자녀의 DNA는 부모의 DNA와 절반이 일치하게 되므로, DNA 분석을 통해 그 일치 여부를 확인할 수 있다. 여기에서는 DNA 감정이 어떤 순서로 이루어지는지 살펴보자(오른쪽 그림).

먼저 입속 점막 등에서 채취한 세포로부터 DNA를 추출한다. 하지만 추출된 DNA는 감정에 사용하기에는 양이 너무 적기 때문에, **PCR(중합 효소 연쇄 반응)**이라는 기술을 이용해 필요한 영역의 DNA를 수만~수천만 배로 증폭시킨다. 그 후, 전기영동법 등의 기술을 사용하여 DNA형을 분석한다.

이렇게 분석된 부모와 자녀의 DNA 유형을 비교하여 친자 감정을 실시한다. **이 검사법은 동일한 DNA형이 나타날 확률이 약 4조 7,000억 명 중 1명일 정도로 높은 정확도**를 가진다. 세계 인구가 약 78억 명인 점을 고려하면, 이 방법으로 개인을 특정하는 것이 가능하다.

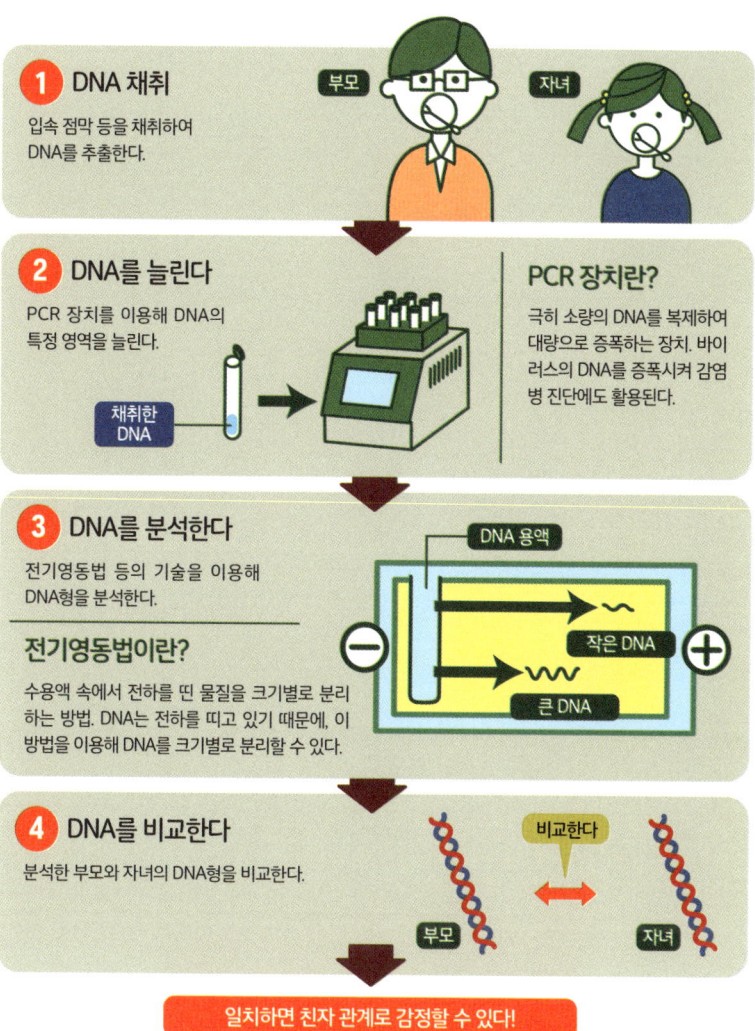

72 왜 아침형 인간과 저녁형 인간이 존재할까?

[수면]

나이와 환경이 주요한 요인으로 작용.
'시계 유전자'의 영향을 받는 경우도 있다!

아침에 활발한 아침형 인간, 저녁에 활동적인 저녁형 인간. 이러한 차이는 과연 어디에서 비롯될까?

사람은 **체내 리듬(일주기 리듬)을 만들어내는 '생체시계'**를 가지고 있다. 수면과 각성의 타이밍뿐만 아니라, 호르몬 분비나 체온 조절과 같은 생리 활동도 **약 24시간 주기의 리듬**을 따른다.

이러한 리듬에는 개인차가 있다. 사람마다 타고난 수면 시간의 경향을 **'크로노타입(수면 리듬 유형)'**이라고 하며, 이는 일반적으로 아침에 정신이 맑은 **'아침형'**, 밤늦게까지 활발히 활동하는 **'저녁형'**, 그리고 그 중간에 해당하는 **'중간형'**으로 나뉜다(그림 1). 수면 시간의 경향은 나이, 생활습관, 타고난 뇌의 성질 등 다양한 요인의 영향을 받는다. 예를 들어, 어긋난 생체시계는 빛을 통해 리셋되며, 식사 시간이나 학교·직장의 일정 또한 수면 경향을 바꾸는 요인이 된다.

유전적으로 타고난 뇌의 성질 또한 수면 리듬을 결정짓는 요인 중 하나다. 생체시계는 **'시계 유전자'**로 불리는 유전자의 작용에 따라 약 24시간 주기의 리듬을 유지한다(그림 2). 이 시계 유전자의 수나 변이에 따라 아침형인지 저녁형인지가 결정된다는 연구 결과도 보고된 바 있다.

이처럼 타고난 생체시계의 유전적 특성을 이해하고, 그에 맞춰 효율적인 생활 방식을 찾아가는 일은 사람에게 중요한 요소 중 하나다.

시계 유전자가 생체시계 주기를 만든다

▶ 크로노타입이란? (그림1)

사람은 낮에 활동하는 성질을 띠지만, 머리가 맑아지는 시간대는 사람마다 다르다.

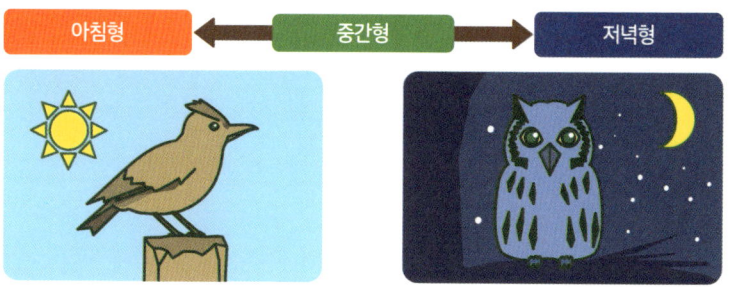

- 일찍 자고 일찍 일어나기를 좋아한다.
- 아침에 가장 활동적이고 집중력이 높다.

- 늦게 자고 늦게 일어나기를 좋아한다.
- 저녁에 가장 활동적이고 집중력이 높다.

▶ 생체시계와 시계 유전자 (그림2)

생체시계는 시계 유전자의 작용으로 약 24시간 주기의 리듬을 만들어낸다. 또한, 사람이 가지고 있는 시계 유전자의 수에 따라 크로노타입이 결정된다는 연구도 있다.

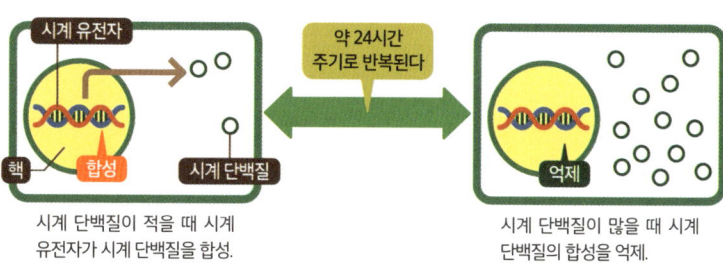

시계 단백질이 적을 때 시계 유전자가 시계 단백질을 합성.

시계 단백질이 많을 때 시계 단백질의 합성을 억제.

현재까지 약 350개의 시계 유전자가 확인됐으며, 가장 많은 시계 유전자를 가진 사람은 가장 적은 사람보다 평균 25분 더 일찍 잠드는 경향이 있다는 연구 결과도 있다!

73 사람은 왜 늙을까?

[노화]

노화의 원인 중 하나는 **'텔로미어'와 같은 요인으로 인한 세포의 노화!**

'노화'는 생명의 영원한 수수께끼다. 누구나 태어나 성장하고, 노화하며 죽음에 이르게 된다. 노화의 구조는 아직 밝혀지지 않았지만, 몇 가지 메커니즘이 제시되고 있다.

하나는 **세포의 수명**이다. 세포에는 수명이 있으므로, 세포분열을 무한히 반복할 수는 없다. 세포분열이 일어날 때는 유전 정보의 집합체인 DNA가 들어 있는 '염색체'가 복제된다.

염색체의 양 끝에는 **'텔로미어'**라는 부분이 있으며, 이 **텔로미어는 세포가 분열할 때마다 점점 짧아진다.** 그리고 어느 정도 짧아지면 복제에 이상이 생겨 더는 분열할 수 없게 된다. 이러한 분열 횟수는 대체로 50~70회 정도로 알려져 있으며, 이를 세포의 수명이라고 부른다(그림 1). **세포의 수명은 인간의 수명과 관련이 있다고 여겨지며,** 아무리 의학이 발달하더라도 인간의 수명이 150세를 넘기기는 어렵다는 의견이 지배적이다.

또한 활성산소가 과도하게 생성되면 **'산화 스트레스'**가 발생하고, 이 역시 노화를 앞당기는 주요 원인으로 여겨진다(그림 2).

노화에 관한 연구는 **'노화생물학'** 등의 분야에서 진행되고 있다. 예를 들어 노화 속도가 매우 더딘 벌거숭이두더지쥐 등 흥미로운 생물들도 속속 밝혀지고 있다. 이에 따라, 세포와 개체가 노화해가는 과정에서 일어나는 미세한 변화를 밝혀내는 연구뿐 아니라 노화의 진행을 늦추는 **'노화 억제'** 연구도 큰 주목을 받고 있다.

노화의 구조는 해명되지 않는다

▶ 텔로미어란? (그림 1)

염색체 중 텔로미어라는 부분은 분열할 때마다 짧아져, 이윽고 분열을 멈추는 명령을 내린다.

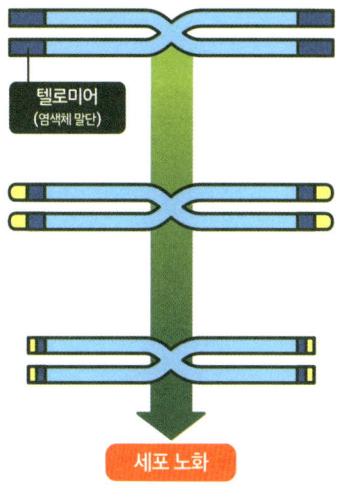

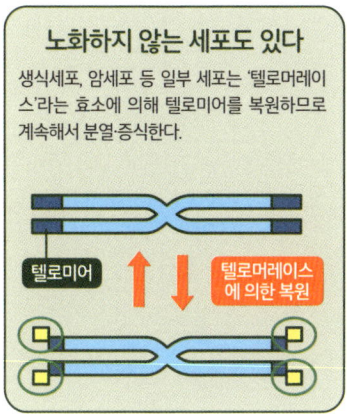

세포분열에 따라 염색체가 짧아지는 현상을 '텔로미어 단축'이라고 하며, 체세포는 결국 세포분열을 멈추는 세포 노화 상태에 이르게 된다.

▶ 산화 스트레스란 (그림 2)

활성산소는 면역 작용이나 유전물질의 기능 등 몸을 위한 역할을 하지만, 과잉으로 생성되면 세포를 손상시켜 노화의 원인이 되기도 한다.

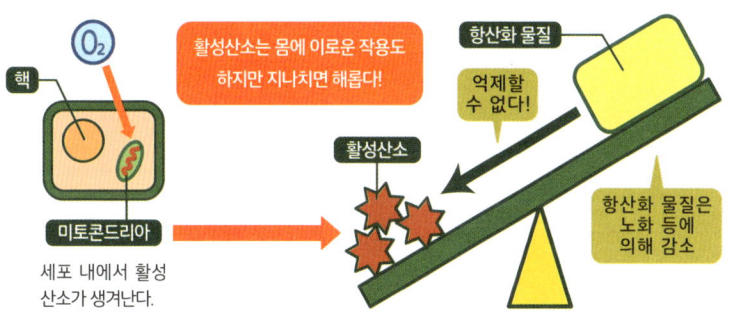

74 '암'이란 무엇일까?
[질환]

정상 기능을 잃고 의미 없는 증식을 반복하는 암세포가 바로 '암'의 정체!

'암'이라는 병은 무엇일까? 여기에서는 **암세포가 생기는 구조**에 대하여 살펴보자.

사람의 몸은 다양한 부분으로 이루어져 있으며, 각 부분은 정해진 역할을 지닌 세포로 구성되어 있다. 세포에는 수명이 있다. 같은 역할을 하는 새로운 세포가 필요한 경우, 증식하여 교체되면 증식은 멈춘다. 이러한 구조가 유지될 수 있는 것은 **세포와 세포 속 유전자가 정상으로 보존되고 있기 때문**이다. 유전자가 정상적으로 작동하여 세포분열이 이루어지는 한, 세포는 일정한 수명을 가지고 활동을 이어간다.

이 구조가 어떤 계기를 통해 무너지면, **원래의 형태와 수명을 잃은 세포가 무한히 분열하고 증식하게 된다**(오른쪽 그림). 이것이 바로 **'암'**이다. 암세포는 정상 세포의 자리를 빼앗고, 주변 조직을 파괴하면서 퍼져나간다(**암의 침윤**).

세포는 서로 접착하는 구조지만, 암세포가 되면 이 구조가 무너져 쉽게 흩어지게 된다. 흩어진 암세포는 혈관이나 림프관 등을 통해 몸속을 이동하며, 다른 장기에 도달해 무질서하게 증식한다(**암의 전이**).

암이 면역을 피해 무한히 증식하거나 전이되는 구조에 대한 연구가 계속되고 있다.

암세포는 무한으로 증식한다

▶ **암세포의 구조**

원래의 형태와 수명을 잃은 세포가 증식을 반복하며 정상 세포를 파괴해나간다.

1 암을 유발하는 물질에 노출되면 세포의 유전자가 손상되어 정상 세포의 기능이 흐트러지게 된다.

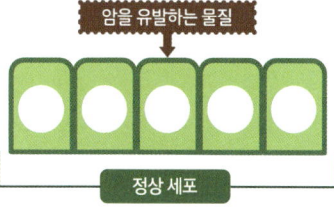

2 정상 세포의 유전자가 손상되면 비정상적인 세포(암세포)가 발생한다.

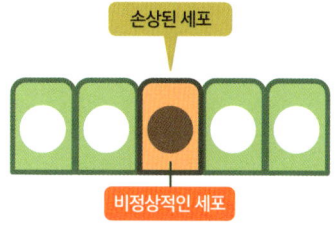

3 암세포는 증식하며 주변 세포를 파괴하고 덩어리를 이룬다(침윤).

4 암세포 일부가 떨어져 나와 혈관이나 림프관으로 들어가면 전신으로 퍼지게 된다(전이).

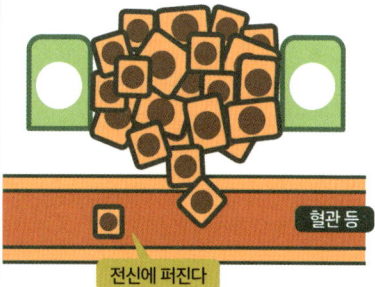

암을 유발하는 물질이란?

암의 원인으로는 흡연, 음주, 비만 등 생활습관의 문제를 비롯해 발암성 바이러스 감염, 화학물질, 자외선 등이 있는 것으로 여겨진다.

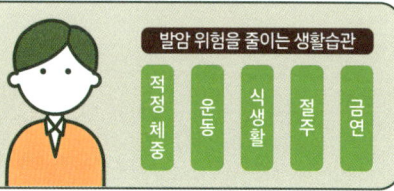

발암 위험을 줄이는 생활습관: 적정 체중, 운동, 식생활, 절주, 금연

제3장 _ 아하! 사람의 뇌, 신경, 유전자

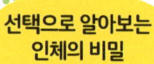

선택으로 알아보는 인체의 비밀 ⑦

유전자 치료로 질병에 걸리지 않는 몸으로 바꾸는 것이 가능할까?

가능하다 or 불가능하다

누구나 병에 걸리고 싶지 않을 것이다. 그래서 평소 건강을 관리하며 질병을 예방하려는 노력이 필요하다. 그렇다면 자신의 유전자를 바꿔 병에 걸리지 않는 몸으로 만드는 일은 가능할까?

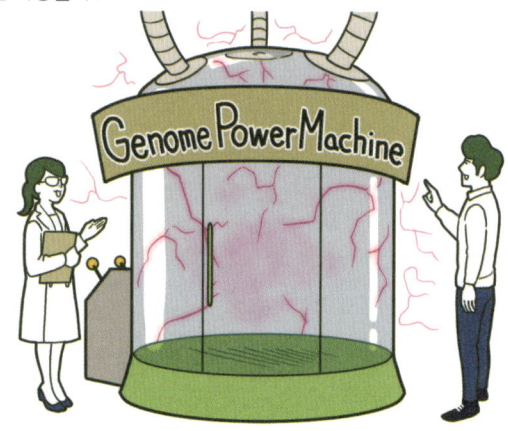

전체 DNA 중 실제로 '유전자'로 기능하는 부분은 약 2%에 불과하며, 나머지 98%는 아직 분석이 진행 중이다. 이 가운데에는 **질병으로부터 몸을 보호하는 데 관여하는 DNA**도 포함되어 있을 것으로 여겨진다.

예를 들어 **'CCR5 유전자'**를 제거하면 HIV 바이러스 감염을 막을 수 있다고 알려져 있다. 이처럼 유전자를 바꾸거나 제거함으로써 과연 인간은 병에 걸리지 않는

초인이 될 수 있을까?

그 가능성을 열어주는 기술 중 하나가 바로 **'게놈 편집'**이다. 이 기술은 유전자 가위를 이용해 DNA를 잘라내고, 표적 DNA를 제거하거나 다른 유전자로 교체할 수 있는 도구다. 현재 수천 가지 이상의 단일 유전자 질환 치료에 활용될 수 있을 것으로 기대를 모으고 있다(아래 그림).

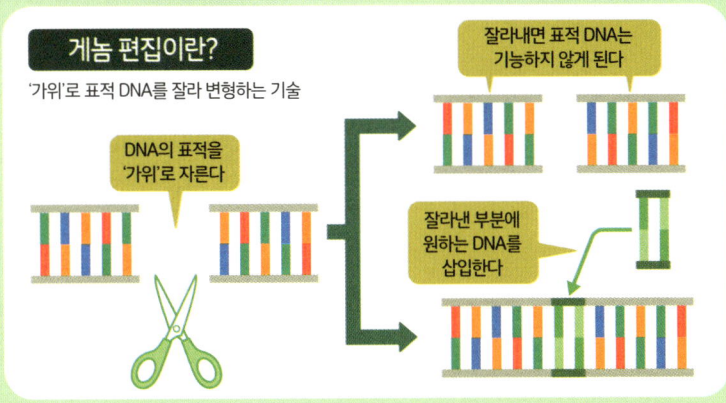

'유전자 치료' 자체는 이미 실현 단계에 들어섰다. 예를 들어, 유전자의 염기 배열에 이상이 있어 특정 단백질을 만들 수 없는 환자의 경우, 바이러스 벡터를 이용해 정상 유전자를 삽입한 세포를 환자의 체내에 투입하는 방식으로 치료가 진행된다.

따라서 결론적으로 말하자면 유전자를 활용한 치료는 '가능하다'고 할 수 있다.

하지만 많은 질환은 복수의 유전자가 관여하는 복잡한 구조를 지니고 있어, 게놈 편집 기술의 응용에는 여전히 많은 연구가 필요하다. 또한, 의도하지 않은 DNA가 잘못 편집되는 **'오프 타깃 효과'**와 같은 기술적 문제도 있으며, 인간에게 유리한 특성만을 갖춘 존재를 인위적으로 만들어도 되는가에 대한 윤리적 쟁점도 존재한다. 이는 아직 충분한 사회적 논의가 필요한 중요한 과제다.

75 '죽음'이란 뭘까?

[죽음]

그렇구나! 세포 수준의 죽음과 개체 수준의 죽음이 있다. 개체사 직전에 해당하는 '뇌사'도 있다.

사람은 결국 죽음을 맞이한다. '죽음'이란 무엇일까? 여기에서는 **세포 수준의 죽음**과 **개체 수준의 죽음**을 살펴보자.

세포 수준의 죽음인 세포사에는 외부 손상이나 산소 부족 등으로 인해 세포가 죽는 **괴사(네크로시스)**와 세포가 스스로 죽는 **세포 자살(아폽토시스)**이 있다(그림 1). 그렇다면 세포는 왜 스스로 죽는 걸까? 그 이유 중 하나는 전체 개체, 즉 인간의 생존을 위한 과정으로서 세포사가 일어나기 때문이다. 예를 들어, 태아가 성장하는 과정에서 꼬리나 손가락 사이의 물갈퀴처럼 불필요한 조직을 제거하는 역할을 하기도 한다.

또한, 병원균에 감염된 세포가 스스로 세포사를 일으켜 감염 확산을 막는 등, **생명을 보호하는 역할**도 한다. 우리 몸에서는 끊임없이 오래된 세포가 죽고 새로운 세포가 태어나며, **세포 자살은 정상적인 세포 구성을 유지하는 데 중요한 역할을 한다.**

다음으로는 사람의 개체 수준의 죽음인 개체사에 대해 살펴보자. 병원 등에서 의사가 사람의 죽음을 확인할 때는 ①**자발 호흡 정지**, ②**심박동 정지**, ③**동공의 대광반사 소실**이라는 '죽음의 3가지 징후'를 근거로 사망 판정을 내린다(그림 2).

그리고 우리나라에서는 **뇌사도 법적으로 사람의 죽음으로 간주한다.** 뇌사란 뇌줄기를 포함한 뇌 전체의 기능이 정지된 상태를 말한다. 뇌사 상태에 빠진 후 공식적으로 뇌사 판정을 받으면 법적 사망이 인정된다. 단 뇌사는 매우 중대하고 신중하게 판정해야 하는 만큼 엄격한 판단 기준이 마련되어 있다.

세포사가 생명을 보호하는 역할을 한다

▶ 세포사란 (그림1)

세포가 어떤 원인으로 인해 파괴되는 현상. 이 두 가지 분류 외에도 세포사의 종류는 다양하게 존재한다.

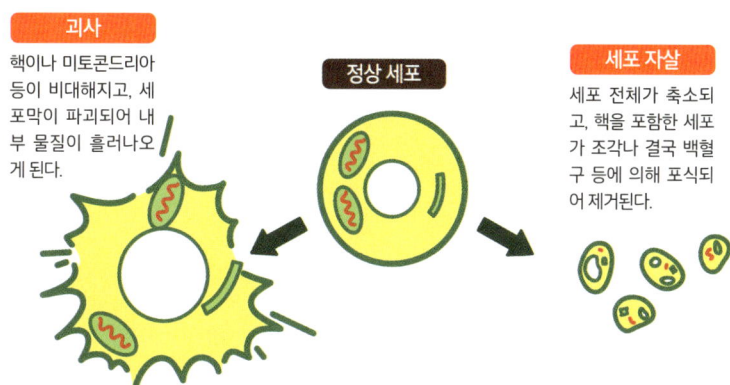

괴사
핵이나 미토콘드리아 등이 비대해지고, 세포막이 파괴되어 내부 물질이 흘러나오게 된다.

정상 세포

세포 자살
세포 전체가 축소되고, 핵을 포함한 세포가 조각나 결국 백혈구 등에 의해 포식되어 제거된다.

▶ 죽음의 3가지 징후 (그림2)

의사는 3가지 징후로 사망을 판정하며, 우리나라에서는 뇌사도 법적 죽음으로 인정될 수 있다.

1 자발 호흡 정지
스스로 호흡하지 못하고 호흡이 정지한 상태.

2 심박동 정지
심장의 움직임이 완전히 멈춘 상태.

3 동공의 대광 반사 소실
사망하면 눈에 빛을 비춰도 동공이 수축하지 않는다. 이 반응의 유무로 생사를 확인한다.

뇌사
뇌줄기를 포함한 뇌 전체의 기능이 정지한 상태로, 심장은 여전히 뛰고 있지만 결국 멈추게 된다.

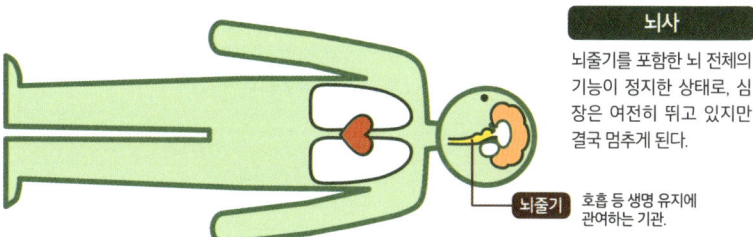

뇌줄기 호흡 등 생명 유지에 관여하는 기관.